版式设计

新视界

Format Design

葛芳　编著

上海人民美术出版社

新版高等院校
设计与艺术理论系列

目录
Contents

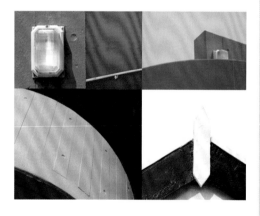

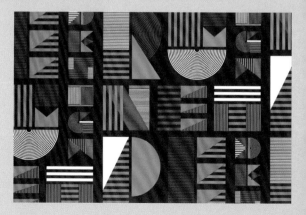

04

自由的版式

一种视觉语言风格的产生　／ 055

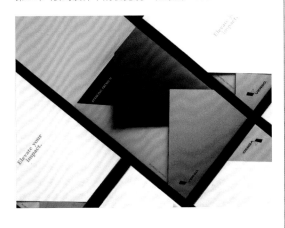

05

传统印刷媒介下的版式设计　／ 075

06

新视觉语言的出现　／ 099

01

"破冰之始"：20 世纪初平面设计领域中的激进变革

"破冰"是平面设计的永恒主题

20 世纪初平面设计领域中的激进变革

时至今日，我们比以往更需要破冰而行的智识与勇气

图 1 中世纪书籍印刷的内页

"破冰"是平面设计的永恒主题

本书所阐释的"破冰"一词，是平面设计领域一直以来秉持的优良传统和永恒基调。从100多年前诞生之日起，我们所理解的真正意义上的现代平面设计，通过不断突破原有的、已经僵化的平面形式与审美趣味，周而复始地尝试推陈出新，这种自身所蕴含的内在创新与发展的强劲动力，迄今为止从未停止，也没有改变过。

从20世纪上半叶开始，随着西方现代主义运动的蓬勃兴起，艺术界也相继引发巨大变革，其中尤其以美术与设计领域表现得最为明显。建筑、平面、产品、服装等设计领域皆因21世纪审美观念的转变，发生了一系列新的艺术革命，新样式层出不穷，不仅与数百年来的传统经典风格大相径庭，有些新艺术形式甚至与传统彻底决裂。这种情况具体体现在平面设计领域，无论是观念的表达，还是视觉的形式语言——版式设计，均颠覆了一直以来中规中矩、四平八稳的传统版式设计框架体系。页面中的文字、图像、色彩等构成要素开始以完全自由奔放的姿态，呈现出与以往截然不同的面貌，原先那种讲究平衡的、唯美的、经典繁复的、充满静态感的传统版面形式被彻底打破，一种崭新的视觉语言得以重构和形成。（图1—图4）

图 2 中世纪书籍的典型样式

图 3 中世纪书籍典型的图文混排版式

发轫于 20 世纪初期视觉艺术上的革命,影响之深远一直波及至今。中世纪以来的传统经典平面设计样式,在遍及整个欧洲的视觉艺术的革新之中,开始逐步走向现代主义风格的版面编排形式。回望这段历史,无数现代主义先锋艺术团体与设计师们经过不断探索,才逐渐形成了我们今天所看到的面貌,不同时期不同国家的艺术团体与人物分别起到了关键性的作用。无论是发端于意大利的未来主义运动、荷兰的风格派运动、俄国的构成主义运动,还是德国的包豪斯学院,他们均力图在新工业文明来临之时,用一种全新的抽象性视觉语言来重新构建新的秩序,并由此引发了一场席卷整个欧洲的视觉革命。

20 世纪初平面设计领域中的激进变革

在这场平面设计变革之中,意大利未来主义运动无疑是其中最为激烈与彻底的一个。该艺术团体成立于 1909 年,由意大利诗人与文艺评论家马里内蒂发起创立,并最早于当年的《费加罗报》上发表了著名的《未来主义的创立和宣言》,这标志着未来主义的诞生。在他本人发表的诗歌中,各种大小不一的字体以一种或纵横交错、或倾斜裂变的姿态任意摆放,使文字传达某种具体含义的功能性大大降低,取而代之的是对某种情绪与情感的宣泄与表达,其直观的视觉形式感远远大于功能性。虽然文字的凌乱无序使其可读性受到影响,却因此营造出独特的、自由不羁的平面设计形式语言。后期未来主义的艺术家们将这种风格在海报设计、书籍版面设计中加以运用,其颠覆性的版面设计探索,对欧洲现代主义平面设计风格的形成产生了重要的影响。(图 5—图 7)

同一时期,另一个欧洲国家荷兰的艺术领域也正酝酿着一场新的革命。自 1917 年开始,以提奥·凡·杜斯伯格为核心的几位荷兰前卫艺术家创办了《风格》杂志,以之为喉舌宣传其艺术观念,探索新时期在建筑、家具、平面设计领域视觉艺术的新形式。风格派艺术家们首先在观念上强调要排除以自然形象为主题的创作题材,提倡纯粹理性下的几何

图 4 中世纪书籍装帧中的版式

图 5 未来主义运动发起人意大利诗人马里内蒂

Zang Tumb Tumb

It is a Futurist letterpress print created by Filippo Tommaso Marinetti in 1914. It lives at the MOMA, Museum of Modern Art in New York. The image is tagged typography.

图 6 马里内蒂的诗集《ZANG TUMB TUMB》封面,1914 年

图 7 马里内蒂诗集内页版式

图 8 荷兰风格派运动中的核心人物之一蒙德里安的绘画作品

抽象图形，以视觉形式中最简单、最基本的点线面为元素，通过单纯、高亮度的色彩、线条、块面的组合，来呈现理想中的永恒绘画形式。最具代表性的为蒙德里安的抽象绘画作品，艺术家通过采用单纯的黑白灰、高纯度的色彩、几何线条所组成的色块结构，寻找视觉上的平衡感，以此生成高度理性的视觉体验。（图 8）

由蒙德里安与杜斯伯格为荷兰风格派所创立的《风格》杂志，是其尝试在平面设计领域进行探索突破的主要代表。该杂志的设计特点依旧以一贯的纯粹理性为出发点，版面设计放弃采用任何的装饰元素，用最基本、简单的纵横线条或斜线等编排手法进行排版，刻意营造出一种非对称视觉下的平衡感，页面中的字体也以现代风格显著的无衬线字体为主。荷兰风格派艺术家们在绘画、雕塑、建筑、家具、室内等不同艺术与设计领域中积极探索，力图摆脱纯艺术与实用艺术之间的界限，创作出具有极高辨识度、个性特征极为鲜明的艺术风格，对后世的平面设计及版式编排产生了深远影响。（图 9—图 11）

图 9 由风格派艺术家们创办的《风格》封面

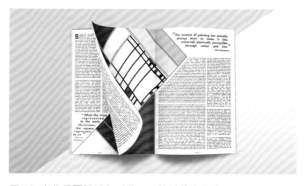

图 10 当代平面设计师对荷兰风格派艺术家作品风格与排版方式的延续

在这场 20 世纪上半叶开始的现代主义运动中，俄国构成主义运动（The Russian Constructivism）也为现代平面设计风格的形成奠定了重要基础。该运动发生时间为 1917 年，即俄国十月革命成功之后，直至 1928 年左右，随着俄国国内政治形势的恶化，艺术家们逐渐离开俄国前往欧洲方才结束，前后共进行了十余年。俄国布尔什维克取得胜利之后，少数前卫艺术家积极投身到新时期的革命建设之中。他们中的大部分人具有坚定的乌托邦式的信仰，反对西方传统艺术中的那些为少数人和贵族所创作的精英化、奢华、唯美经典、暧昧不明的风格样式，转而崇尚艺术的实用性与功能性，认为艺术应为大众服务，体现大多数普通劳动者的时代精神与风貌，将以至上主义为代表的抽象艺术形式，与当时轰轰烈烈的社会主义革命事业紧密联系在一起，力图能够充分体现出属于无产阶级劳动者的美学特质，并为之服务。

在此意识形态的指导下，一批先锋艺术家和设计师自发组织起来，在实用功能较强的设计领域做了大量前所未有的前卫设计形式的探索。他们的艺术作品大都集中于抽象绘画、平面设计、建筑设计、服装设计、电影艺术等领域。构成派艺术家们最为重要的贡献则是以招贴画为主的平面设计，因其与当时的政治宣传需要相一致，他们留下了大量具有实验性的视觉艺术作品。其中对现代平面设计影响最大的两位设计师分别是李西斯基和亚历山大·罗德琴科。他们不仅能熟练掌握各种摄影技巧，对于镜头中的透视、俯瞰等视觉传达语言具有独到的理解，而且受此影响，在设计中摄影作品被提高到与绘画同样重要的位置。他们在版面设计创作中大量运用摄影照片，将其与文字、块面、线条等抽象的几何形体相结合，通过画面中不同元素之间位置的移动与穿插组合，产生丰富的空间变化，极具视觉冲击力，形成生动活泼、大胆前卫的平面设计风格。

俄国构成主义运动中的另一项杰出成就，即在平面设计作品中强调意识形态的介入，将艺术与实用功能相结合，为艺术家们的政治信仰服务，形成了独特的革命性视觉语言特征。构成主义运动中的平面设计作品对后世欧洲的现代平面

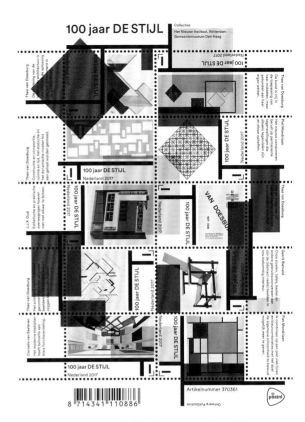

图 11 荷兰纪念风格派运动 100 周年纪念邮票

图 12 亚历山大·罗德琴科

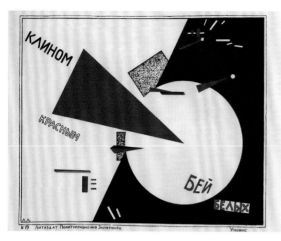

图 13 《红楔子攻打白军》，作者李西斯基，俄国构成主义代表作品之一

设计影响极大，后期成为包豪斯学院平面设计教学的理论与创作基础，而李西斯基也成为现代主义平面设计的重要奠基人之一。此外，俄国构成主义艺术家们的一项重要成就是创作了一种新的电影剪辑手法——"蒙太奇"，艺术家埃森斯坦第一次将构成主义艺术观念渗入电影制作之中，这种剪辑手法成为电影界沿用至今的世界性创作语言。与此同时，蒙太奇的创作手法也被大量应用在这批先锋艺术家的平面设计作品中，尤其在海报设计中得到娴熟而广泛的运用，成为构成主义艺术最为独特与最具辨识度的视觉符号元素与创作技法。（图 12—图 23）

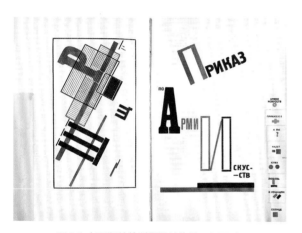

图 14 李西斯基的版面设计作品，1923 年

图 15 亚历山大·罗德琴科的摄影作品一

图 16 现代主义风格海报设计，作者李西斯基，1927 年

图 17 亚历山大·罗德琴科的海报设计作品，版面创作娴熟地结合了蒙太奇的摄影剪辑方法，成为俄国构成主义最具代表性的海报作品之一

图 18 俄国构成主义艺术家的海报设计作品

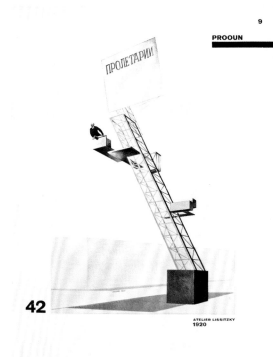

图 19 李西斯基与汉斯合作的刊物内页版式设计

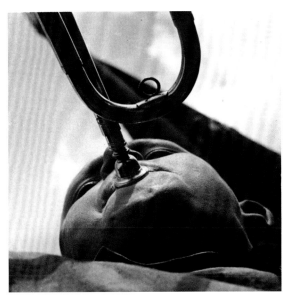

图 20 亚历山大·罗德琴科的摄影作品二

图 21 亚历山大·罗德琴科的摄影作品三

简而言之，从现代主义运动开始，一批前卫艺术家勇敢地开始了在不同艺术领域的崭新探索，与历史上以往宗教传统或自然唯美倾向的审美旨趣完全不同，艺术家们更加强调艺术与社会之间的关联，他们之中相当多的艺术家不仅具备高超的艺术修养，同时还具有更加坚定的社会信仰。大多数现代主义艺术家深信艺术和设计完全具有改造社会的能力，他们对社会中最为普通的民众施以关爱与同情，并将这种观念上升为一种自身的社会责任感，把矢志不渝的坚定精神信仰付诸现实世界，并身体力行地进行了大量的艺术实验与探索，留下了许多优秀的、令人震撼的珍贵作品。而平面设计也自此逐渐摆脱了古典主义与唯美主义艺术的禁锢，突破传统，实现了向崭新的自由版式的彻底转变。

图 22 俄国构成主义艺术家的海报设计作品

图 23 在俄国构成主义艺术的影响之下，在现代主义风格的版面设计中，摄影作品被提高到了和绘画作品同等重要的地位

时至今日，我们比以往更需要破冰而行的智识与勇气

综观今日平面设计类书目，以版式编排类书籍最为丰富。究其原因，无非是需求者众多。学会版式的基本编排方法，是各门类设计专业学生与从业人员的必备素养。而本书所言"破冰"，则主要基于两点展开：一为破网格之下困顿僵化之局，将视觉归于自由；二为破今日传统媒介之局，另辟一角，将新媒介中之视觉新意纳入局中。

本书主要从五个部分对"版式设计"这样一门基础课程进行阐述。

第一章，由版式设计原理的基础入手，探讨版式设计中的基本概念与相关术语。

第二章，通过对"整体与局部"之间的关系梳理，解析网格系统中的图文混排方法及版面空间的处理方式。

第三章，从"自由版式"的概念出发，将关注视角聚焦于平面设计领域中，针对当前流行的视觉语言风格及其版式进行解读与分析。

第四章，分别从书籍、海报、品牌识别三种常见的传统印刷或传播媒介中的版式设计内容展开学习，并对其未来的发展趋势进行分析预测。

第五章，面对当今日新月异的时代背景，平面设计领域正经历一场剧烈的转型。本章从网页设计与信息可视化两个方面，将"新媒体"中的版式内容纳入课程学习之中，对版式设计的变化及趋势进行探讨。

全书采用由浅入深的方法，层层递进，读者可通过本书进行有效而专业的版式编排训练，开展系统化的学习，最终修完本书的既定内容。

图 24 设计师 Ksusha Miskaryan 在俄国构成主义艺术基础上创建的字体设计，2014 年

图 25 《Bauhaus》杂志封面设计

02

版式设计的基本原理 / 015 — 032

版式设计发展到今天，所涉及的应用领域已经远远超出了以往传统设计思维模式中版式的固有概念与界定范围。当二维静态平面空间与三维动态立体空间的界限变得模糊不清，纸质媒体与电子媒体之间的关系联结也愈发紧密，彼此大有逐步走向互相融合的趋势，并由此产生了"媒体融合"（Media Convergence）的概念，表明了一个崭新的融媒体时代已经来临。在此背景下，版式设计不仅在传统平面纸质媒体中继续被使用，在新兴的电子传媒中，其应用领域也得以向深处拓展与延伸。（图1）

简而言之，今天的版式设计泛指针对某个单页页面、书籍、刊物、海报、网页、可视化信息等平面或电子媒体的具体内容，所做的与版式相关的、具有某类明显风格化的整体视觉设计。其设计内容包括字体、字号、分栏、行距、字距、版心、页边距、表格、图版等元素，通过调节其尺寸大小、位置布局、色彩对比、明暗层次、肌理特征、疏密张弛等手法，形成一种恰当、美观、风格相近的视觉语言系统。

在版式设计中，对于页面中出现的诸多构成元素，如字体、图片、空白、分栏、位置等，为了便于理解交流和印刷时使用，通常会有一些惯用的称谓，逐渐产生出本领域内常用的专业语言，最终在印刷过程中形成一套严格规范的专业术语体系。

第一节　版式设计中的网格系统

现代主义风格的平面设计在经历了20世纪初期的变革之后，欧洲各国艺术家通过彼此之间的学习与交流，不断发展变化与相互接纳，审美倾向与设计风格也逐渐趋于统一化，到20世纪50年代最终形成应用更加广泛的国际主义平面设计风格，其中最具代表性的国家就是地处北欧的瑞士。（图2）

我们今天常见的版式设计，无论是版面中的图文结构、空间布局，还是字体的编排方式，大都由20世纪中期瑞士的网格编排体系发展而来。每个页面中的主要构成要素，包括字体应用、尺寸大小、边栏设定、页码位置、字符间距与行距等等，均与网格体系有着密切的关联。设计师所做的就是

图1　今天的版式设计已经不再依赖于某一种单一媒介，逐渐以"媒体融合"的形式系列化地呈现出来

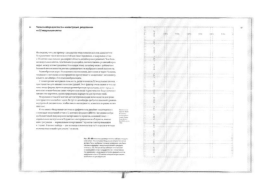

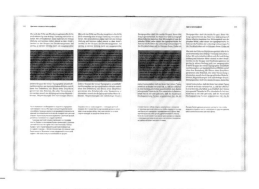

图2 版面结构严谨的瑞士网格系统

在有限的页面空间内，通过网格系统的应用，将其设计思路在页面中进行任意编排，尽可能地利用各种构图元素，以更加系统化与功能化的创作手法，理性地去处理所需表达的内容。然后通过美观又经济的现代印刷手段，以及结合视觉上的审美感受，最终呈现出最佳的视觉效果。（图3—图5）

在网格排版体系中，最基本的元素是一个个的网格，它们在页面中根据需要被划分成相等的单元格，每一个单元网格的大小尺寸根据排版系统中特有的度量单位作为标准来确定。在目前世界通用的网格体系中，最常用的度量单位即为点数，英文译为 points。以点制为基础的排版系统，最早来源于17世纪福尼尔的发明。18世纪时，它经法国巴黎字体制造商弗尔敏·迪多（Firmin Didot）改良后在欧洲逐渐普及，直到今天，该系统依旧在印刷业中保持着领先地位。（图6）

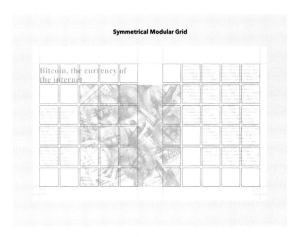

图 3 网格排版体系中的图文版面编排

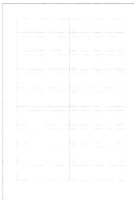

图 5 网格排版体系中的图文版面编排（18格）

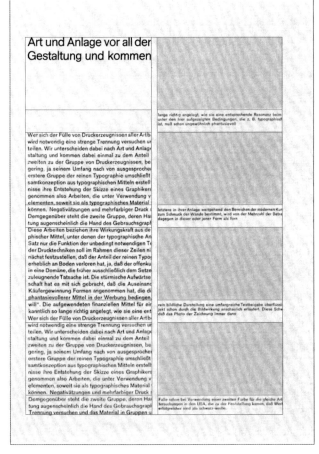

图 4 网格排版体系中的图文版面编排（8格）

图 6 18世纪法国巴黎字体制造商弗尔敏·迪多与 Didot 印刷字体（1783年）。海报设计：Angeline Angebaud & Charlotte Weil，2014年

图 7 英文网格排版中的基础字体与变体

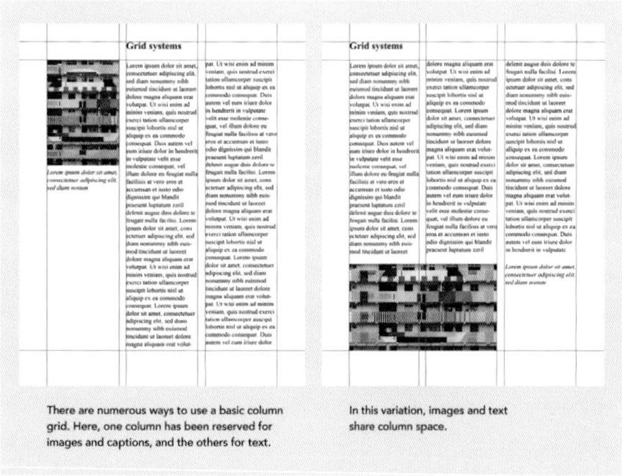

图 8 基于网格系统的版面设计

总体而言，网格排版系统是偏于严谨与理性的。字母的大小在排版中被称作"字号"，英文译为 Point Size；字母的宽度被称作"字宽"，英文译为 Width。从 19 世纪末开始，印刷中铅版活字的高度基本不变，保持在 622/3 点，而宽度则根据不同字体设计的需求进行多种变化。因此，即使同一种字体名称，根据字宽的不同，视觉上也会有窄体、中等体及宽体的差异。网格排版的具体工作原理是首先将整体版面划分成等距离、等尺寸的方格，再按照设计所需调整图片文字的位置布局与尺寸，在此基础上将图片与文字限定在一定网格大小范围内，根据网格大小将版面内所有的视觉元素统一其中，最终用一定的点数数量将其位置布局或空间大小标识出来。用科学严谨的点数大小数字替代了以往纯粹依赖视觉经验下的尺寸估值，使版面中的视觉信息更精确、统一，也更易于掌握、记录、采用，大大缩短了排版的时间。（图 7）

另外，由于网格排版系统的普遍使用，设计师在进行版面设计时，无论是简单还是复杂的构图，均能通过规范化的操作将其"化繁为简"，用一种高度统一与均衡的面貌解决。（图 8）

第二节 版式设计中的常用专业术语

1. 版心

版心是页面的核心，指单个页面正中的主体文字与图形部分。其中，文字包括各章节标题与正文，图形包括各种照片、线图、表格等。设计版心时需要考虑的主要有两个方面，即版心中的图形、文字、表格等要素，在版面中的大小比例关系及其在版面中的位置布局。版心的大小一般根据书籍的类型来定，画册、杂志等开本较大的书籍，为了突出画面的视觉效果，很多都采用大版心的方式，甚至做出血处理。字典、资料参考书等工具类书籍，由于仅供读者查阅，再加上字数和图例相对较多，也比较厚重，因此设计时多会扩大版心，缩小边口。相反，一些文学类的诗歌、经典读物类书籍，则大多采用小版心、大边口的排版方式，在版心四周刻意留白，形成较大的虚空间，在视觉上营造出一种秀雅疏朗的视觉效果与轻松愉悦的观看体验。

根据版心位置的不同，较为常见的版心形式主要有居中式、天头式、靠订口式和靠切口式等几种。此外，设计时版心位置的确定，还要着重考虑到装订方式的差异问题，即使是锁线订、骑马订与平订的书，页面里边

的宽窄也是有所区别的，设计时不能同样对待。（图9）

2. 排本

排本通常分为竖排本与横排本两种。（图10）

其中，竖排本最早多见于我国古代线装书的排版方式中，在现代以繁体字为主的书籍装帧中也比较常见。就其装订方式而言，订口居右，翻口居左，阅读时自左向右翻。文字的排版为自上而下、自右向左排列，阅读书籍时同样如此。

横排本为现代印刷排版过程中最常用的方式。就其装订方式而言，它与竖排本相反，订口居左，翻口居右，阅读时自右向左翻。文字的排版方式为自上而下、自左向右排列，阅读书籍时同样如此。

3. 分栏

分栏是指在版式设计中，由页面中的图片文字根据排版需求所组成的单列或多列的排版样式，各栏之间多垂直并列排列，且栏与栏之间以留白或直线隔开。通常可将其划分为通栏、两栏、三栏、跨栏等几种编排形式。

通栏是指对页面中的图片、文字整段进行排版，中间不用任何栏数进行分割的排版方式。这种排版方式较为常见，多被运用于以文字为主的书籍排版，或以图片为主要表现内容、信息较少的刊物排版中，看起来比较整齐干净，视觉干扰少，使读者能专注于文字本身的阅读。（图11—图12）

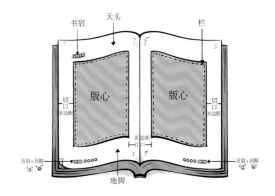

图9 手绘书籍内页标注说明，包含版心、天头、地脚、书眉、订口、书口、页码、页边距、页脚等内容

图10 竖排本与横排本展示图

图11 通栏

图12 通栏排版实例

图 13 双栏

双栏是指将页面版心中的文字从中间一分为二隔开排列，形成两个纵向分列的分栏的排版方式。这种排版方式被运用较多，尤其在图片与文字混排的大开本刊物中颇为常见。同理，将一个页面中的文字沿纵向分割，分成等宽的三列，即为三栏。（图13—图14）

跨栏是指版式设计时，为了让读者更加清晰地看清页面中比较重要的图片或图表，通常在进行版式编排时会将其放大后设计，从本身所在的栏延展到另一栏或多栏中，形成破栏的排版形式。（图15—图16）

在大多数情况下，各栏的宽窄相等，但也有宽窄不一的情形，甚至打破分栏限制，以块面形式在页面上进行自由组合的混排版式。通常情况下，书籍版式中的通栏使用最多，多用于重点内容的排版，使读者阅读流畅且舒适度较高；双栏应用也较为普遍，多用于文字较多的页面排版；三栏运用较少，多用于文字少且短小的页面排版。从美学角度上来讲，通栏的视觉效果最好，格调也最高，多用于以文字为主的常规排版方式；双栏较单栏更富于变化，以最为常见的16开为例，双栏的版面每行的字数恰到好处，最易阅读；三栏或以上的编排形式更加生动多变，较适用于较大的开本或杂志。（图17）

图 14 双栏排版实例

图 15 跨栏

图 16 跨栏排版实例

4. 行距与字距

除了上述要素之外，版面设计中各字体间行距及字距的大小、疏密关系也同样重要。行距是指排版时正文文字上下行之间的距离，字距是指同一行中字与字之间的距离。一般情况下，书籍或印刷品的开本如果比较大，版式中的行距与字距可以放宽松些，减少行距、字距间因拥挤而产生的紧促感；相反，开本较小，比如32开的书籍，如果行距、字距太大的话，看起来就十分松散，无形中也减少了阅读时的信息量。当然，在具体进行版式设计时，主要还是应该根据书籍内容与阅读群体的不同，安排好行距和字距的大小。比如教科类书籍以传达各种知识为主，需要的信息量大，行距、字距就不宜太大；而另外一些散文、小说、美术、杂志类图书与刊物，传达的信息量相对较少，行距及字距的安排都可以自由宽松一些，使阅读者不仅在视觉审美上得到满足，也能形成轻松舒适的心理感受。

5. 天头

天头是指书籍页面顶端与版心之间的空白空间。

6. 地脚

地脚是指书籍页面底端与版心之间的空白空间。

7. 书眉

书眉是指在页面中版心上部或天头内所编排的文字及符号，一般用于标示书籍各章节，便于读者检索篇章。有时排版时也会将页码置于页眉之中，便于阅读。

8. 订口

订口是指靠近页面内侧装订位置的留白处。

9. 书口

书口是指靠近页面外侧切口处的留白处，一般比订口要宽些，以方便翻阅的需要。

10. 字号

字号是指排版时版面中不同字体的尺寸大小。（图18）

11. 页

一页与一张的概念相同，通常一页即指纸张的正、反两个印面。

图 17 通栏双栏混排实例

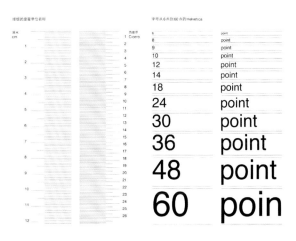

图 18 同种字体不同字号的演示

12. 页码

页码是指书籍或刊物的正文的每一页中按顺序所编排的连续数字，一般被编排于书籍底部或侧面的留白处，用于标示书籍中各页的具体页数，方便读者阅读与查找。印刷行业通常将一个页码称一面。

13. 页边距

页边距是指页面中版心与页边之间、上下左右四周空白处的距离大小。

14. 页脚

页脚是指书籍中每个页面底部或地脚处所编排的图书信息，多用于标示书籍各章节，通常包含页脚线与表示章节、书名的文字。很多情况下，页码在排版时也被置于页脚之中，以便于读者检索篇章。

15. 校对

校对是指根据设计的要求或将排版结束的书籍或刊物打印出来之后，在校样上进行比对、纠错等检查，并在校样上标注出文字或图版的排版错误。通常书籍或刊物在正式印刷前会校对三次及以上，校对的稿样称为一校稿、二校稿、三校稿等。

16. 注文

注文又称注解或注释，是指对某个专有名词、文章正文、古文献、图片、表格等特殊内容，向读者所做的特别说明或解读。根据放置位置，注文通常包括脚注、尾注、图（表）注几类。

脚注：又称页下注，指排版时将与正文相对应的注解说明性文字置于该页版心底部的。

尾注：指排版时将与正文相对应的注解说明性文字置于该章节或整本书尾部的，通常按照数字序号依次排列。

图（表）注：排版时将对图片的注解说明性文字置于图片下面的，即称图注。同理，排版时将对表格的注解说明性文字置于表格下方的，即称表注。

第三节 书籍装帧的不同种类与常用术语

一般而言，根据设计师的需求，不同书籍由于纸张厚薄、页数、开本、成本等存在差异，所采用的书籍装帧方式也各不相同。简单说来它们可分为平装与精装两种，两者相比较，平装制作成本较低，精装成本较高，所以精装多半是制作高档书籍时才使用。同时，两种装帧也都有各自相应的书籍装订方式，平装书的装订方式包括平订、骑马订、锁线订（又称胶背订）、无线胶背订等；精装书按书脊形式来分，有方形书脊和圆形书脊两种，按封面的使用材料来分，又可分为全纸面精装、布脊纸面精装、全布料精装三类。

1. 平装书装订方式

平订：指将印刷完毕的书页折页之后，在左侧页边订口处用铁丝固定的一种方式。先将书页用铁丝钉好后，再接着安装封面，最后根据设计师预定好的尺寸裁切，即可装订成书。这种装订方式较为经济，但翻页时阅读感较差。（图19）

骑马订：英文为 Saddle stitches，指将折页从中心线对折，连同封面封底一起，从中间用铁丝或铁钉装订起来的方式，全书的第一页与最后一页对称相连接，最中间两页也以其为中心对称且相连。它多被使用于页数较少的宣传册页或杂志刊物，制作简便且打开页面彻底，尤其适合装订跨页设计多的页面。（图20）

锁线订 / 胶背订：指将折页按先后顺序排列成书芯，再用棉线将其串缝连接起来，外面包裹上封面，最后再按照规定的尺寸大小进行裁边的方式。这种装订方式比较适合页数较多且有一定厚度的书籍，装订较为牢固。从外形来看，订缝的痕迹几乎看不到，书页也可以彻底地翻开，方便阅读，在目前的书籍市场中应用较为普遍。（图21—图22）

无线胶背订：外表看起来与锁线订非常相似，只是在装订时不再用线或铁丝串缝，改用胶质来替代。这种装订方式的特点是成本低、效率高、阅读便利，缺点是用不合格的胶质粘连后的纸张容易散开，也是目前市场上较为常见的装订方法。（图23）

平 订

图19 平订

骑马订

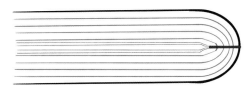

图20 骑马订

锁线订

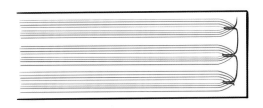

图21 锁线订

锁线订

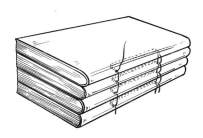

图22 锁线订在书籍中的详细装订方式

无线胶订

图23 无线胶背订

图 24 图书市场上常见的精装书样式

图 25 全纸面精装

图 26 布脊纸面精装

图 27 全布料精装

2. 精装书装订方式

精装书是另一种比较常见的书籍装帧形式。这类书对装帧要求很高，无论是设计、印刷还是装帧制作工艺都十分讲究，由于造价昂贵，通常制作的数量也较少，大多用于比较重要的出版物，很多精装书籍甚至可用作收藏。其制作工艺一般用较厚的纸板托底做成书壳，表面覆以麻、布、皮革、丝绸等材料，再将设计好的封面图案与文字以或贴或印的工艺进行加工，这样一本质地厚实挺括、工艺精美、牢固耐用的精装书就完成了。（图 24）

从封面的使用材料来分，大部分的精装书可分为全纸面精装、布脊纸面精装、全布料精装三类。顾名思义，全纸面精装指书脊和封面、封底均为较厚的纸张制作成的精装书籍；布脊纸面精装指书脊为布料，而书籍封面、封底为纸质的精装书籍；全布料精装则指书脊与封面、封底，均覆盖以麻、布、皮革、丝绸等材料做成的精装书籍。（图 25—图 27）

3. 书籍装帧印刷中的常用术语

通常说来，一本完整的书籍大部分都由固定的格式所构成，可将其结构简单分为书封与书芯两个部分，并且各个不同的结构也都有自己的专有名称。（图 28）

（1）书封部分

书封部分包括封面、封底、书脊、护封、腰封、勒口等。

书封是书籍表面最外面的防护层，一般用纸较厚，且对

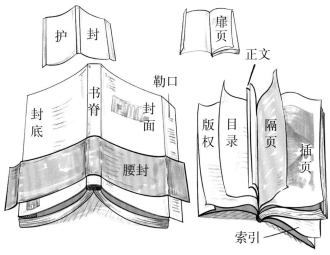

图 28 书封、书芯各部分的结构与名称图解

纸张要求高，印刷工艺与版式设计也最为考究。在书籍装帧设计中，书封由以下几个部分组成：封面、封二（面封里）、封三（底封里）、封底、书脊、腰封等。

封面：又称封皮或书面。封面是书籍装帧中的主要创作对象，由于能直接体现整本书的基本风格特征与第一印象，因此对于纸张、印刷工艺、版面设计的要求较高，通常印有书名、著（译）者、出版社等重要信息。

封底：指书籍中与封面相连的最后一页。封底一般会出现条形码、上架建议、统一书号和定价等信息。同时，为了配合书籍的销售，封底上通常会增加一些与书籍内容相关的宣传性内容，如书籍介绍、著名学者或业界人士对于该书的推荐评价等。

书脊：指书籍中用来连接封面和封底的中间部位，也就是放在书架上、用以展示基本内容的图书侧脊，通常自上而下印有书名、著（译）者、出版社等信息，一般书脊的宽窄能清晰地体现出整本书的厚度。书脊的内容和编排格式多遵循国家的既定标准（GB/T11668-1989），也就是《图书和其他出版物的书脊规则》来执行。

勒口：指封面与封底上延长的向内翻折的折页部分，有时还会印刷与图书相关的补充内容。如果图书书封为软质的话，一般还会在封面与封底增加前后勒口，以保证图书的平整，不易折边破损。

腰封：指最外层夹在书封齐腰位置上的纸质封条，大多印刷文字作为宣传书籍内容之用，设计时多与书封相结合，既美观又能起到增强视觉对比的效果。

（2）书芯部分

书芯部分包括扉页、版权页、目录页、正文、索引、插页等。

扉页：指书籍封面翻开后紧接着的一页，文字内容与封面基本相同。扉页上通常印刷有书名、著（译）者、出版社等信息。与封面设计相比，扉页所要求的印刷工艺相对简单一些，以文字为主，形式色彩简洁单纯，大多采用以黑色为主的单色印刷。

版权页：又称版本说明页，指记录书籍版本的信息页，帮助读者详细了解该书的基本出版情况，便于日后的查找。版权页一般放置在书籍的扉页之后、正文之前（或封底之前）。版权页中包含的内容较多，通常印有 CIP（Cataloguing in Publication）数据，除了记录有该书的书名、著（译）者、出版社、出版年月等基本信息之外，通常还包括书籍的书号，定价，字数，开本，印张，版次，印数，印刷厂名称，编辑者姓名，出版社地址、电话、邮编等内容。其中印张是指印刷厂计算一整本书印刷时所需全纸张数量的计量单位。

目录页：指列出书籍中各章节主副标题等信息的部分。目录要求简明扼要，展示出整本书的基本框架结构，对于想要了解书籍中主要内容的读者而言具有一定的索引作用。其位置一般放置于正文之前。

索引：在有些书籍中，文章里会出现大量重要的专有名词、人名、图版、图表、学名等。

为了便于读者查找与记录，书中通常会增加索引，并标明文中具体的页码，用较小的字号在正文的最后部分列出。

插页：指书芯中穿插有与书籍内容相关的图像书页。

隔页：又称篇章页或中扉页，指书籍正文内容中印有各篇章名称的印刷单页。在书籍装帧中，通常将篇章页插于双码之后的单码页数中。同时，为了便于辨别及翻阅，它大多采用特殊颜色、质地的纸张印刷，以示与正文明显的区别。

暗页码：指在书籍编排中占有页码却不显示出页码的页面，书籍印刷里通常出现于隔页或空白页中。

另页起：指做版面设计时，书籍或刊物的每篇文章均需从单页码起排。如前一篇文章最后以双页码结束，则下一篇文章继续接排。如果前一篇文章最后以单页码结束，下一篇文章排版时就需要跳开一面双页码空白页后再排。

另面起：指排版时，一篇文章无论是从单页码还是从双页码开始排版，都必须重新另起一面，以免与上一篇文章末尾相连。

（3）书籍版式设计中的其他要素

与一本书相关的装帧设计，除了上述的内容以外，还有其他一些构成要素，比较常见的有版心、天头、地脚、书口、订口、栏、页码、页眉等。这些在前文中都已经有详细说明，这里不再赘述。

第四节　印刷开本与拼版

1. 开本

开本指书籍或刊物等印刷品版面的尺寸大小。通常而言，印刷行业中的开本多以全纸张为计算单位，我们将按照国家标准尺寸裁切好的一张纸称为全开纸张，每张全张纸裁切和折叠多少小张就称多少开本。通常，国际国内全纸张的尺寸大小存在不同的规格，导致各国的纸张开本标准也存在一定差异。对于初学者，建议使用最为常见的纸张尺寸。这种规格的纸张生产厂商那里长期会有存货，当需求量大时印刷厂订购起来方便迅速，可以有效缩短印刷周期。就印刷机器而言，印刷与切割的机器也大多基于常用的尺寸为标准进行设计。若采用特殊尺寸的纸张，无论在时间上或是用料上，都会造成产品成本的增加。（图29）

我国的纸张尺寸标准基本是基于国际通用的"ISO216"标准尺寸制定的，也就是最早由德国标准化协会倡导下所制定的"DIN"德国工业标准体系。其中最常见的全开纸张尺寸为A型纸，整张大小为 $1m^2$ 的纸张被称为A0，具体尺寸为 $841\times1189mm$，将其长边对折后裁切即生成A1，再次对折后裁切就生成A2，其余的尺寸即可由此推算出来。A型纸中A0至A10的具体尺寸见右表。（图30）

印刷时纸张的开本大小基本是根据符合国家标准的全开纸为基础进行定名。通常来说，将全开纸张裁切成若干相同面积的小张，即为开数的大小。将其印刷完毕，装订成册后即称为开本。如全开纸张共裁切成 4 张，即称为 4 开，印刷装订成的册子则称为 4 开本。同理，裁切成等大的 8 张，即称为 8 开，印刷装订而成的册子称为 8 开本，其余开本以此类推。目前市场上常见的开本以 16 开和 32 开的居多。（图 31）

国内生产的纸张比较常见的大小尺寸主要包括以下几种：

（1）787×1092mm，又称正度纸，是我国当前文化用纸的主要尺寸，国内造纸、印刷机械绝大部分都是生产和适用这种尺寸的纸张。但在其他国家和地区，这种尺寸的纸张已经很少被采用了。各开本具体尺寸为：全开（净尺寸）760×1060mm，对开 760×530mm，3 开 760×345mm，4 开 375×530mm，8 开 375×260mm，16 开 260×185mm。

（2）850×1168mm，又称大度纸，是在正度纸纸张大小的基础上，为适应比较大一些的开本需要而生产的。我们通常所说的大 32 开的书籍就是用这种尺寸的纸张。

（31）889×1194mm，也称大度纸。纸张比其他同样开本的尺寸都要大，因此在印刷时纸的利用率较高，所印制出的书籍外观上也比较美观、大方，是目前在国际上都比较通用的一种纸张规格。

A0：	841×1189 mm
A1：	594×841 mm
A2：	420×594 mm
A3：	297×420 mm
A4：	210×297 mm
A5：	148×210 mm
A6：	105×148 mm
A7：	74×105 mm
A8：	52×74 mm
A9：	37×52 mm
A10：	26×37 mm

图 30 A0 至 A10 具体尺寸表

大4开本：524×374mm；　　小4开本：520×368mm；
大8开本：374×262mm；　　小8开本：368×260mm；
大16开本：262×187mm；　　小16开本：260×184mm；
大32开本：203×140mm；　　小32开本：184×130mm；
大64开本：131×101mm；　　小64开本：127×95mm；
或130×99mm。　　　　　或125×92mm。

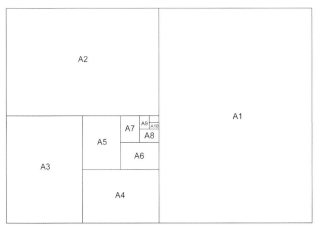

图 29 A0—A10 纸张尺寸标准图

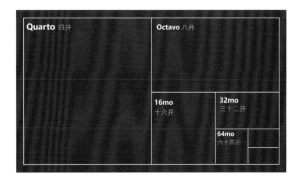

图 31 书籍开本大小与尺寸

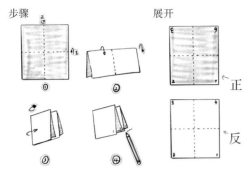

图 32 手绘折纸对折后的页码编号过程

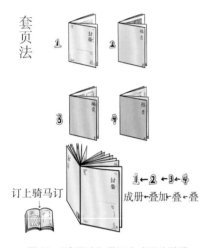

图 33 "套页法"装订方式图片说明

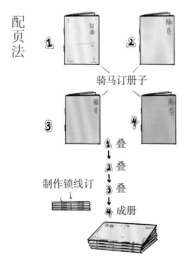

图 34 "配页法"装订方式图片说明

2. 拼版

所谓拼版，就是将需要印刷的页面，按照一定页码的排列顺序在全开纸上进行排版。一般而言，纸质印刷中进行版式编排时，除了印刷海报招贴、宣传单页之外，印刷书籍和宣传册页时都会面临拼版的问题。倘若拼版方式安排恰当，不仅可以节约纸张，降低印刷成本，还能提高装订效率，减少总体费用。因此，学习和掌握拼版规则就显得十分重要了。

在进行书刊拼版前，首先必须先熟悉所需拼版书籍刊物的基本信息，如开本大小、页码多少、印刷色的数量、装订方式等等，在此基础上确定拼版的具体方法。一般而言，一些客观的条件也会制约着拼版的选择，比如印刷机幅面的宽窄度、印刷纸张的大小、装订方式的选择等因素，对书刊的排版及装订都会产生直接的影响。关于具体排版时如何进行页码的编排，可以尝试着自己制作一个简单的折页来帮助理解。例如，可以拿出一张纸，经过两次对折后就变成了一个简单的折页，可以用笔按照顺序在每个边角进行编号，打开后就会看到页码的真实排列状况，由此了解到拼版的基本编排规律。通常来说，为了提高效率，大多数书刊在印刷之前的设计阶段会预先制作一个折页样本，之后和激光打样一并交给印刷厂商。（图 32）

印刷好的全纸张大幅页面，会按照原先设计好的版面开本和页码顺序折叠后装订成册。其中，按照页码的顺序先后组装成册的过程被称为配页。一般来说，不同的印刷品种，其配页的方法也不一样，可将其分为套页法与配页法两种。

套页法是将页码按照一定顺序，一页一页互相套在一起成为书芯，最后把书刊的封面套在最外边，中间用骑马订装订成册。

配页法则是将页码按照一定顺序，一部分一部分地叠加在一起成为书芯，之后采用无线胶背装订工艺或锁线装订工艺将整册粘订在一起，最后黏合封面封底完成。通常，套页法较多地被用于印刷宣传册页或刊物，而配页法则多用于装订较厚的平装或精装书籍。（图 33—图 34）

第五节 印刷色彩与图片格式

1. CMYK 与 RGB 色彩模式的区别

在具体的平面设计中，当一件平面设计作品设计完成后，大部分都需要被打印或印刷出来。在这个过程中，常常会发生打印的小样和设计时的电脑屏幕图像色彩不一致的现象，某些时候，这种色差还非常明显。如不充分了解这种差异所产生的原因，并加以调整修改，将会导致无法预料的结果。大多数情况下，这种状况的发生与打印输出时不同色彩模式之间的转换有关，如何避免这类事情的发生，需要我们对印刷工艺中的色彩使用原理有更多的了解。

RGB 色彩模式，即我们平时进行版式设计时在电脑显示器上所见色彩模式，基本上由红（Red）、绿（Green）、蓝（Blue）三种色光构成。RGB 是一种色光混合的加法模式，即使身处黑暗的外部环境中，也能被人清楚地看见。色光模式的特点就是色彩混合得越多，明度越亮。原理上，当 RGB 三种颜色混合之后，可以生成白色。同样，与显示器有着相同色彩原理的数码相机、投影仪、扫描仪之类的电子产品，其图像生成基本都是 RGB 显示原理的色彩模式。

CMYK 色彩模式，即我们印刷时最常用的基础油墨色彩，以品青（Cyan）、红（Magenta）、黄（Yellow）、黑（Black）四种色彩为主，通常称之为 CMYK 四色印刷模式。与 RGB 色彩不同，CMYK 是一种颜料混合的减法模式，从原理上而言，C、M、Y 三色一起混合之后，最终生成 K（黑色）。为了产生色彩范围更宽、印刷层次更清晰的印刷效果，今天的印刷生产技术也在不断创新之中。例如，除了采用质量较好的纸张之外，同时结合高纯度的 CMYK 油墨，或者在基本的四色之外再增加其他色彩、特种油墨，实现六色或者七色印刷，都极大地扩大了色调的范围。（图 35）

2. 潘通印刷配色系

在目前全世界的印刷行业中，潘通公司（Pantone）的色彩系统是色彩领域中的权威性国际参照标准。潘通拥有专利技术的高保真色彩系统，在传统四色印刷的基础之上，研发出六色的超高质量印刷技术，可以印刷出更加生动逼真、色彩更为丰富的图像。同时，每年他们研发并提前发布的潘通流行色趋势展望（Pantone Vies Color Planner），包括对时尚领域中的男女装、休闲运动服装、化妆品与产品设计等进行色彩预测，是时尚潮流领域进行具体设计时重要的参考标准。（图 36）

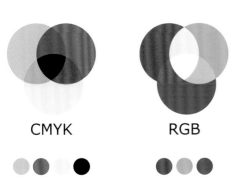

图 35 CMYK 与 RGB 色彩应用原理分析图

图 36 潘通流行色趋势展望

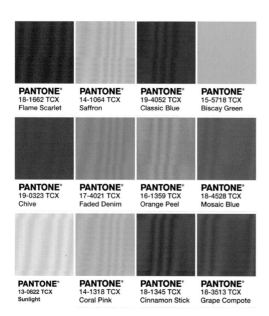

图 37 潘通配色系统

潘通色彩体系品类丰富，所涉及范围比较广泛，针对不同设计领域对于色彩的使用需求，其可分为印刷色卡、纺织色卡及塑胶色卡几大类。其中，与印刷行业有关的色彩系统为潘通配色系统（Pantone Matching System），也是世界公认的色彩权威，常被用于出版印刷与包装领域中。为了使印刷色彩在不同质地的印刷载体上得以更好的呈现，潘通公司出版了配套的《潘通四色印刷配方指南》，该指南共分三册，分别以不同质地的色卡纸加以展示。指南中共载有 3000 余种基于 CMYK 色彩模式下印刷的色彩标准，各种色彩按照一定的色差有规律地排列，便于观看与选择。色卡上清楚标明 CMYK 四色印刷时的具体数值及油墨配方，并且每一种色彩仅有唯一的编号。因此设计师在设计过程中选择所需色彩时，只需要提供想要的编号，就可以轻易地找出所需色卡种类。纸张质地分别为光面、亚面铜版纸以及胶版纸等三种材质，除了印有 1000 余种潘通的专有色彩之外，每页的色卡纸条均为可撕式，便于使用。（图 37）

在具体的平面设计中，人们通常会在设计工作基本完成后，再将 RGB 色彩模式转成 CMYK 的模式，并在印刷之前根据潘通色卡的数值进行对比与相应的调整，一切完备之后输出电子文件并打印小样观看成品效果，最终送至印刷厂正式印刷。

3. 常见的图片格式

我们日常所见的图片格式比较多，以 JPEG、TIFF、PSD、PDF、BMP、EPS、GIF 等为主，这些格式又可分为点阵图与矢量图两类。其中，点阵图是由紧密相连的像素点构成，其特点是图像放得越大，图片质量就会变得越差，印刷后的视觉效果也会大打折扣，优点是印刷后的色彩质量高，观看起来比较逼真丰富。而矢量图属于数字信息技术所组合构成的，即使放大，图片质量也不会受到影响，因此大都用于设计标志、字体和插画中。在这些格式中，仅有少数几种图片格式可用于印刷中，其中一种是 TIFF 图像格式，另一种是 EPS 图形格式。

TIFF，即 Tagged Image File Format 的缩写，电脑文件简写为"TIF"。TIFF 是使用较为广泛的图片格式，在与印刷领域相关的系统中，无论是数码相机，还是排版、打印软件，涉及的图片都可以用 TIFF 格式进行输入与输出的数据交换。概括说来，这种图片格式具有以下特点：在所有文件格式中，它因压缩之后损失较小，导致其所占存储空间比较大。一般来说，一张 300DPI 的 A4 纸张所占存储空间即可达到 30M 以上。因此，TIFF 格式的图片清晰度更高，基于高分辨率下所描述的信息更加细致，图片即使经过压缩处理，比起其他常见的 JPEG、BMP 等格式还是要精细得多。（图 38）

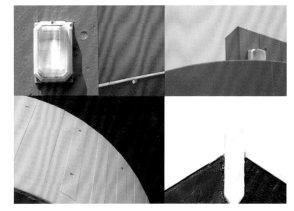
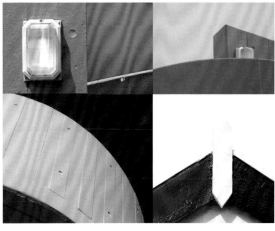

图 38 同一图像 TIFF 格式（上图）与 JPEG 格式（下图）印刷成品的像素比较

abcdefghijklmnopqrstuvwxyz
ABCDEFGHIJKLMNOPQRSTUVWXYZ

图 39 EPS 矢量图形

EPS, 即 Encapsulated PostScript 的缩写。在平面设计中, EPS 是极为重要的一种文件格式, 甚至可以说是版式设计中的基础格式。通常说来, EPS 文件由两种类型构成: 一种是矢量图形, 另一种是位图图像。其中的位图图像与 TIFF 图像的原理相似, 也是建立在高分辨率的基础之上, 根据图像成形时所捕捉到的像素高低, 产生出不同清晰度的原始图像。换言之, 如果图像在最初所设置的分辨率过低, 根本产生不出高质量的图片效果。因此, 图片扫描或数码相机等外接设备在最初设定分辨率时, 就要把数值调到符合要求的程度, 否则, 就算后期在平面软件中将分辨率数值调高, 图片的印刷效果也不会理想。

在 EPS 格式中, 另一种更加重要的图片类型就是矢量图形模式, 一般用于在 CorelDraw 和 Adobe Illustrator 中所创作的图形, 直接保存后就是 EPS 格式。这种格式的特点与前几种位图格式不同, 其生成原理与分辨率基本无关, 大小也可以任意缩放, 且丝毫不影响图片的清晰度。另外, 与 TIFF 高清晰度图片完全不同, EPS 矢量图形即使放到 1M 大小, 所生成的图片大小也不到 1M。(图 39)

PDF, 即 Portable Document Format 的缩写, 与之相匹配的软件有 Adobe Reader 或 Adobe Acrobat Distiller 等。PDF 图像格式清晰度较高, 最早是为了满足电子文件的输出而制定。其特征是文件一旦建立存储之后, 基本不能更改, 可以避免设计排版结束后的版式在印刷前出现意外改动, 所以它大多被用于正式印刷前的胶片、印版输出阶段。

JPEG, 即 Joint Photographic Experts Group 的缩写, 电脑文件简写为 "JPG"。与高清晰度的 TIFF 格式不同的是, JPEG 为一种有损压缩格式, 图片保存时有 0—12 种层次的压缩大小以供选择, 保存后的清晰度会随着压缩次数的增多, 而出现不同程度无法复原的降低。通常数值越大, 代表图片被压缩损失得越少, 图像越清晰; 反之, 则图像质量越差。因压缩后的图片较小, JPEG 较少用于印刷之中, 相反却是目前网页中运用最广的图片格式之一。

GIF, 即 Graphic Interchange Format 的缩写。GIF 图像为 Indexed Color 色彩模式, 即色彩范围基本在 256 色之内, 因此大多被用于商标、标志以及较小的动图, 也适用于比较简单且具有大面积颜色的图像, 与 JPEG 一样也是网页上常用的一种图像格式。

以前做平面设计时获取图片的方式比较单一, 大多只能以扫描图像或自己拍摄为主。现在由于网络技术的发达, 网上的图片资源非常丰富, 也出现了很多专业的图片网站, 获得想要的图版内容也变得简单很多。但特别值得注意的是, 我们在购买或者下载应用这些图片时, 一定要看清楚其具体像素大小与格式再有针对性地派不同的用途。如 GIF、JPEG 格式比较小的图片, 可以被用于网页或 PPT 的排版设计中, 如果在印刷过程中不加甄选地排版制作, 不仅会遇到各种问题, 最终还会产生无法预料的严重后果, 甚至使得整个设计前功尽弃。

03

整体与局部 / 033 — 054
网络系统中的图文编排方法

版式设计中的图片与文字编排，如同费尽心机谋划的一场棋局，在有限又略显局促的页面空间中，每一个细节元素的摆放位置都至关重要，彼此之间如何互相制衡又有所关联，其结果直接关乎版面整体的效果。

第一节 点线面的游戏：
版面设计中的基本形式语言

点、线、面是所有物体构成的基本形式语言，在设计领域，三者不仅是几何学上的基本概念，在不同种类的艺术创作中也是最常被使用的艺术语言。关于点线面三者之间关系的实践探索，几乎伴随着 20 世纪初期现代主义艺术的产生而不断发展，从荷兰风格派艺术到包豪斯艺术学院，还有俄国构成主义的先锋艺术家们，这些现代平面设计的先驱者们，通过对视觉领域中最基本的构成要素——点、线、面之间的形式关系进行研究，结合现代抽象绘画艺术中的色彩关系、位置比例、空间营造、摄影技巧等等，做了大量与形式感相关的实践创作与可行性探索。与此同时，他们还尝试将平面设计中的各种新的形式语言与新印刷工艺创新性结合在了一起，为我们留下了许多卓越的、经典的设计作品。将平面设计语言彻底从传统的经典视觉语言的禁锢中分离出来，更为现代设计奠定了坚实的形式与观念的基础。（图 1）

因此，学会如何在版式设计中处理好点、线、面三者之间的关系，是视觉传达领域中最基本的学习内容。设计师根据设计概念的不同，将点、线、面几种基本元素自由组合排列，再充分利用肌理、色彩、块面、疏密、动势等美学原则，通过各元素之间丰富的视觉对比以及画面整体空间的不同编排方式，在海报、杂志、网页、报纸、交互界面等传播媒介上，传达出各种风格迥异却又充满个性特征的视觉语言形式。

图 1 "Futurist Portfolios 未来主义档案展"宣传海报设计，2008 年。海报用简单的点、线、面排列组合，形成典型的现代主义版面风格

一、版面设计中的"点"

点是每个版面中最基本的视觉元素。在具体版面编排时，设计师根据页面大小和最终视觉效果，从整体上对每个点所处的位置、大小、形态、数量进行布局。通常而言，一个平面设计意义上的点，并不局限于最初的圆形，在版面设计中可以被置换成任何一种形态来表现，例如一个小物件、一幅小画、一个小色块、一个数字等等。如果版面大小比例控制恰当，甚至点也可以以一组或几组的形式出现，在画面中同样可以呈现出点的效果。正是因为自身所具有的这种活泼多变的特征，点最有可能形成画面中的视觉中心，成为画龙点睛之笔，在版面设计中轻而易举地起着调节画面的效果，或被用于平衡画面分量感，或被用于填补某个空间，或被用于点缀、活跃画面整体气氛。

不同形式的点本身还可以通过大小、疏密不等的排列组合，呈现出多种形式和肌理效果。例如，多个圆点沿着一条路径延伸，即使相互之间存在距离，视觉上仍会形成线性轨迹，产生线条感，进而将观看者的视线引导至某个位置，最终传达出预设的信息。在一幅平淡的版面设计中，设计者通过大量留白的应用，将视线聚焦于一个或几个跳跃的点上，可以令整个版面变得生动鲜活起来。（图2—图5）

图2 20世纪上半叶现代主义风格的平面设计作品

图4 通过点的明度与位置变化形成丰富多彩的视觉图像

图3 大片背景的衬托，将人的视线聚焦于一两个小点上，令整个版面变得生动鲜活起来

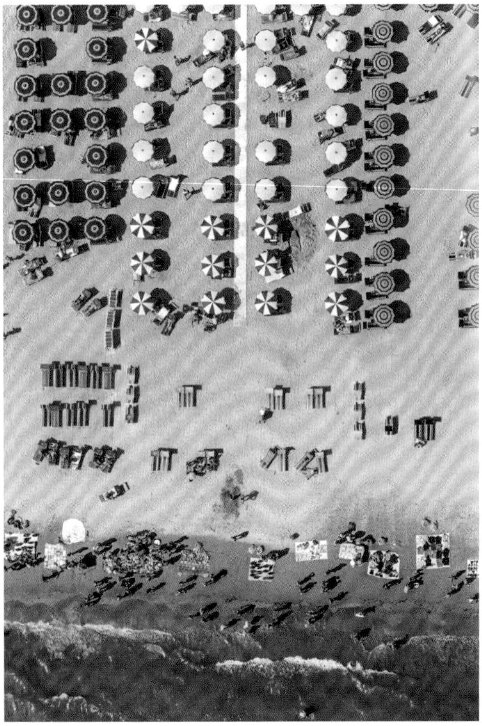

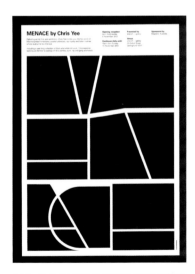

图5 作者以摄影为创作手法，灵活地在照片中将自然的物体加以呈现，在版面视觉上形成整齐有序的点的排列

二、 版式设计中的"线"

与点一样，线条也是版式设计中最基本的语言之一。平面设计中最常见的线条就是具有明确形态的实线和虚线。从形态上而言，线条可以分为直线、曲线、斜线、螺旋线等；从线条的运动方向上而言，线条则可分为横线、纵线、斜线等。每一种线条因所处位置、长短、粗细、疏密、色彩、形状的差异，会产生不同的视觉感受和运动态势，这种感受往往决定着一个版式设计的整体风格和艺术特色，在版面中具有举足轻重的作用。（图6—图8）

通常而言，线条在版面设计中的编排形式主要可以分为三种：第一种是以线条本身作为一种图形元素，直接在版面中运用，它可以起到调节画面、丰富整体形象的作用。第二种形式则主要是在版面中，设计师通过线条粗细、长短、疏密、方向、色彩等特征的对比变化，使其产生一定的运动感与层次感，探讨线条所具有的丰富多变的不同视觉语言表达形式，带来更加广阔的创作思维空间。第三种线条形式与功能主要是分割页面空间。在版面设计中，线条除了作为图形元素之外，还有个很重要的作用就是被用于页面空间的分割。很多

图6 线条自身就能够成为版面中的重要形式语言，起到分割空间的作用

图7 通过线条粗细、长短、方向、色彩的对比变化，产生丰富的运动感与层次感

图8 版面中除了明显的线条之外，连续不断点的排列，同样可以营造出有趣的隐形线条

时候，一个优秀的版面设计既要考虑版面中各个视觉要素之间的比例、平衡关系，又要对整个版面的空间布局进行合理安排，通过合理美观的版面分割，营造出主次分明、传达清晰、疏密得当的视觉语言关系。

三、版面设计中的"面"

版面中的面，指在版面中占据较大体量的色块或图形，通常以单个或一组图形、色块的形式出现。块面，是版面设计中最基本的应用元素之一，它也在大部分情况下奠定了整个版面最重要的风格与基调。一般情况下，设计者在版式设计中经常运用不同块面之间的大小比例、色彩对比、远近层次、虚实空间等创作手法，对页面中有限的空间进行合理布局编排，从而产生生动强烈的视觉体验，既达到平衡视觉、丰富空间层次的效果，也在一定程度上起到烘托深化设计主题的作用。

此外，版式中块面应用的最大特征是具有一定的体量感，能给观者带来强烈的视觉冲击感，这是点与线条两种元素所不具备的。如果说版面中点的量感是在多个点的聚集中获得，线的量感要通过多个线的密集排列才能具有的话，那么，块面本身就已经具备了分量感，从而成为整个版面的视觉中心。设计师在进行版面设计的时候，要充分考虑到块面自身所具有的体积感，将整张版面精心编排，以保证视觉上的生动、平衡和舒适。（图9—图11）

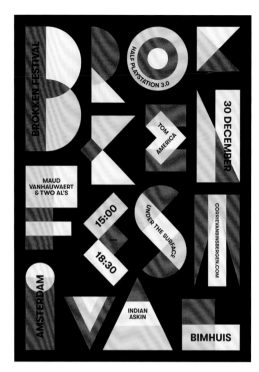

图 9 版面设计中块面化的图形处理

图 10 较为复杂的文字图形信息被以块面化的版面形式编排，看起来整齐又清爽

图 11 通过运用大块面的鲜亮色彩，对版面空间进行简单利落的布局编排

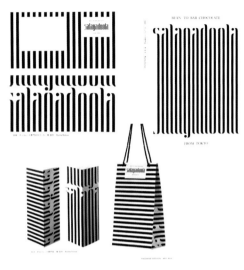

图 12 当简单的线条并行重复排列后，它就转化成了视觉上更加强烈的块面效果

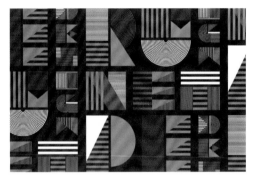

图 13 通过点、线、面的形式自由组合，版面呈现出活泼多样的观看感受

图 14 点、线、面通过排列上的变化在视觉上产生简单丰富的效果

上述内容中所讨论的点、线、面关系，是现代平面设计中最基本的应用语言，也是今天从事版式编排工作必备的基础能力。一幅版面设计成功与否，很多情况下源于对这三者是否娴熟巧妙地应用。当然，在多数情况下，三者之间是可以相互转化的，其转化关系可由点至线，再由线至面，即从最小的点开始依次可转变成各种线条，进而转化成块面的效果。点是最灵活多变的，多个点在横向、纵向的重复聚集排列可以形成横竖不同的线条，当点向四边放射状延伸就产生了面的效果。线条也一样，当直线、斜线或者曲线向一个方向有序地、重复地平行铺开时，它们就已经开始了向面的转化效果。同时，这种面的感觉的强弱与它的排列疏密有着很大关系，线条排列越密集，面的感觉就越强；反之，面的感觉就弱。（图 12—图 14）

总体而言，一个优秀的版面设计不仅是对点、线、面等基本元素进行编排，还包括对节奏、块面、色彩、肌理等对比关系的运用，或是在二维平面中对立体空间感的塑造。它们都应该基于一个共同目的出发，即必须服务于设计主题的需要，能够更加准确、精要、完美地将所要表达的信息传递给观看对象，使人们在接收信息的同时，或拥有感官上的美感体验，或体会到表层之下蕴于其中的深刻含义，或领悟到更加悠远美好的意境，最终获得精神上的愉悦满足。

第二节 "形意相通"：版面设计中的文字与图像的编排

在日益多样化的版式设计中，文字与图像是最基本的两个构成要素，它们相辅相成构成一个画面的主题内容，两者缺一不可。通常说来，图片是版面中的主要图像化构成单元，可通过现场拍摄照片、创作绘画等方式获得，形象较为直观明了，可读性强，容易渲染出版面整体气氛。相比较起来，文字的内涵则丰富得多，既有"形"的外在表象，又包含"意"

的内在表达。利用优美的形态来传达更深层的含义，是字体设计的基本要求。文字是版面设计中重要的形式语言，读者往往需要通过文字，才能将设计的真实意图读懂理解。因此，在进行字体设计时，设计者尤其需要注意的是要将字形与字义合理地结合，使其在具有装饰艺术性的同时，兼具易读清晰性。如果字体的设计丧失了易读易懂的原则，让人看后不知所云，那么这个设计无论如何都不能算是成功的。

一、中英文字体的风格特征与排版

文字既是承载语言信息的载体，又是具有视觉识别特征的符号系统，不仅表达概念，同时也通过诉之于视觉的方式传递情感。在版式设计中，文字除了能够体现出特定的信息内容之外，自身还能以独立的图形化、符号化的形式出现，因而也具有一定的装饰特征。此外，因为文字内涵以及设计服务对象的不同，与之相应的图形化文字也呈现出风格迥异的样貌。

1. 中英文字体特征对比

具体进行版面设计时，中英文因为结构的不同，即使同样的排版方式与布局，也会呈现出不同的视觉效果。通常而言，英文字母大都由直线或弧线组成，且字母形态结构相对简单，视觉上生动多变，在排版时比较容易产生图形的效果。而中文字体相对来说以横平竖直的直线形为主，即使文字中包含点、钩、撇、捺等带有一定弧度的笔画，也都以尖锐的锐角为基础，整体规整，呈方块字形，且文字结构大都较为复杂多样，因而在视觉上就显得端庄板正，在排版时略带死板，也缺乏灵动的起伏感。

我们以两种较为常见的黑体与 Arial 中英文字体为例，对比两者就会发现其中排版的差别。在同样的版式设计中，即使横竖线条几乎同等粗细，英文字体往往更具有图形符号的意味，其版式看起来更加疏朗而通透，而中文字体在同一个版式中，看起来方正严谨及缜密，也缺乏韵律感与透气感。（图 15）

如果说英文字体以"形"取胜，那么中文字体则以"意"见长。英文文本通过 26 个字母的不同组合产生不同语言含义，就其单个字母而言往往构造简单，并不包含太多的实质性内容；与此相反，中文的单个字体不仅结构复杂，其内涵也丰富得多，往往一个字母就能清晰地体现出应有的内容。当然，上述所提及的中英文字体特征仅限于大部分的电脑字体，除去数字化因素的中文字体形式，如书法艺术中的中文汉字，中文不仅具有更加深层的内涵，就形式上而言甚至有比英文更加自由随意、流畅多变的样式特征。中文排版中独特的纵向竖排，自右向左的观看方式，构成特有的中国的排版格式，形成极具魅力的东方版面风格。因此，如何突破中文字体固有的刻板、拘谨的形象，使之具有更为自由洒脱的外在形式，更加突出汉字本身的优越性，增强图形化的构成特征，使其"形""意"两者达到更加和谐的结合效果，是目前的中文字体设计师们所努力突破的方向。（图 16）

黑体

久在樊笼里，复得返自然。

Arial

ABCDEFGHIJKLMNOPQRSTUVWXYZ
abcdefghijklmnopqrstuvwxyz

图 15 黑体与 Arial 两种中英文字体字形比较

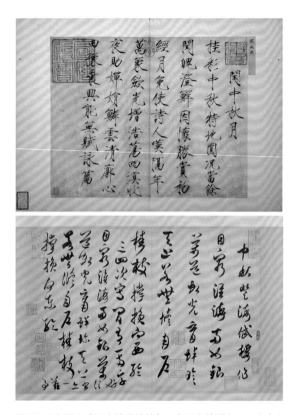

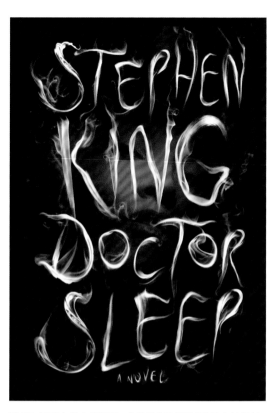

图16 （上图）《闰中秋月诗帖》，宋元宝翰册之一，（宋）赵佶书，北京故宫博物院藏；（下图）《中秋登海岱楼作诗帖》，（宋）米芾书，日本大阪市立美术馆藏

图17 美国小说家斯蒂芬·金作品《睡梦医师》的字体设计，渲染出了迷幻梦境的氛围，十分贴合小说的内容

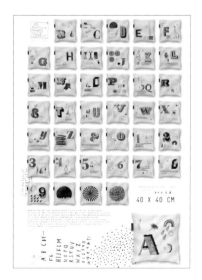

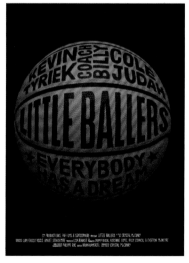

图18 亲切自然的手绘字体设计与清新质朴的家具用品搭配视觉上给人舒适感

图19 版面编排中重要的信息多被放于中心位置，且字号较为醒目，其余字体或随形安放或置于版面四周

图20 以文字为主的版式编排遵循主题优先原则，先将主题内容大小与位置确定后，再考虑编排其他信息

2. 中英文字体的排版

（1）选择恰当的中英文字体

在具体版式设计中，越来越多的字体可供设计师进行选择，在众多的中英文字体中，如何将设计作品中的文字与作品本身进行结合，是设计师们需要不断斟酌练习的内容。根据对设计作品深层内涵的了解，适当选择不同大小、方圆、粗细、新旧、简繁的字体形式，再利用专业技巧对各种文字进行版面的编排处理，是平面设计师必备能力之一。（图17—图18）

（2）确定字体在整体版面中的空间位置

字体在版面中所占空间大小与位置高低，是版式设计时重点考虑的要素。即使同样的字体，在版面空间中，由于所处位置与大小的差别，给人造成的视觉效果可以是截然不同的。通常情况下，传达内容中的文字有主次之分，一般重要的文字所占空间较大，也多居于中心的位置，成为视觉焦点；次要的内容文字所占空间则小得多，也多居于版面四边或较偏的位置。此外，字体的行距与字距的疏密远近也会对整个版面的视觉效果产生一定影响。（图19—图20）

关于字体与空间的关系，还有一点值得关注，即可运用透视原理来处理主要字体，这不仅可使版面空间具有一定的深度和广度，还可以产生动态的方向感，给人非同一般的视觉感受。

（3）不同字体风格在视觉中的呈现

随着平面设计的发展，中外设计师中对于不同字体的设计愈发重视，字体形式也呈现出越来越丰富鲜明的风格特征。字体通过与不同情境的融合，运用艺术化手法的处理，变得更加视觉化与符号化，在便于识别的同时，呈现出或硬朗有力、或刺激诡异、或清新柔美、或纤细飘逸、或复古优雅、或现代简约的不同风格。而在字体排版时，要首先把握好整体版面所呈现出的风格特征，再寻找出与之相匹配的风格各异的字体进行结合。（图21—图23）

（4）运用图层的深浅变化丰富文字的视觉层次感

在一幅自由生动的版面设计中，能够巧妙运用不同色

图21 图片中的字体设计，无论是形式还是风格都与文字内容十分贴合

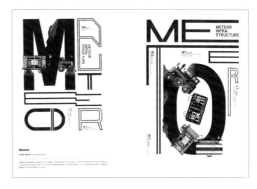

图22 特征鲜明且颇具硬朗感的字体设计风格与火车等工程机械图形巧妙地融合

图23 "规则就是用来被打破的，改变规则吧！"品牌共和国的这个字体风格完美地体现出了其设计创作理念

041　03　整体与局部 /
网络系统中的图文编排方法

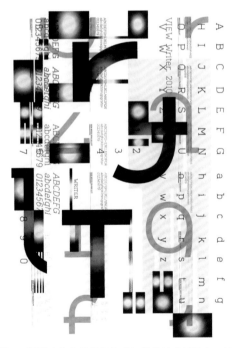

彩、明暗、虚实之间的对比关系，使其产生远近分明的层次感，是设计师需要熟练掌握的排版技巧之一。多数情况下，即使是极为简单的文字与图像，如果能利用这种手法对整体版面进行精心编排布局，也会产生意料之外的视觉效果。（图24—图25）

二、汉字字体图形化的基本原则与方法

我国最早自殷商时期的甲骨上发现象形文字开始，字体图形化的发展与演变经历了数千年漫长的历程，直到今天还在不断的创新与变化之中。如果探讨汉字图形化的起源，最早可追溯到公元前1000多年的殷商时期，那时镂刻于龟甲兽骨之上的文字是最早的象形文字，这些文字具有鲜明的图形特征，如山、河、日、月、水、木、草、虫、鸟等甲骨文，将大自然中的万物以文字的形式进行了简单明了、通俗易懂的刻画记录，也为汉字图形化提供了生动有趣的文字范本。甚至春秋时期还出现了一种叫"鸟虫篆"的字体，装饰性极强，是汉字图形化创作的一个典型特例。之后，汉字的发展渐趋整齐规范，从甲骨文到金文，进而发展出楷体、草书、宋体、黑体、等线体等等。可以看出，汉字字体发展到后期，文字渐趋理性、稳定、规整，为了满足雕版印刷工艺的需要，对于功用的理性追求远远大于对字体形式的探索，因而早期文字图形化的象形文字体系也逐渐式微，最终发展成便于印刷、复制、阅读的方块字体系。（图26—图28）

虽然汉字的字体种类很多，而且面貌也繁简各异，不过大体上仍然可以被分为两大类：一类是以宋体、黑体、楷体等常见字体为主的基本汉字字体，另一类则是经过设计师创作后的汉字创意字体。这两种字体的基本结构与使用规律大体相同，只是字形有所差异。创意字体的设计离不开基本字体的结构，是在其基础上变化而来的。我们所谈及的汉字图形化创作，则是创意字体的进一步拓展，在具体设计中着重强调字体与图形元素的结合。

图24 通过版面中字体的虚实对比变化，营造出丰富的前后空间关系与层次感

图25 版面中的字母经解构或打散后被重新组合，以色彩与透明度的对比塑造出韵律感十足的强弱关系

尽管汉字的结构繁复多变，但依旧遵循着点、横、竖、钩、撇、捺的永字八法基础构造。汉字复杂严谨的结构特征，使其在图形化的转换中，各笔画之间纵横交错且彼此相连，因而相对于英文字体而言，汉字转换成图形起来要更加费时费力，也复杂得多。当汉字作为一种图形符号出现在版面上时，它可以通过各种不同的创作手法和构成方式被重新组合，如重叠、意象构成、字体变形、实物联想等，从而在视觉上产生符号化的语言效果，在信息的传达上更加直观、有趣、简洁、明了。即便如此，汉字的图形化转换也有一些基本的原则与常用的方法可供参考。（图 29）

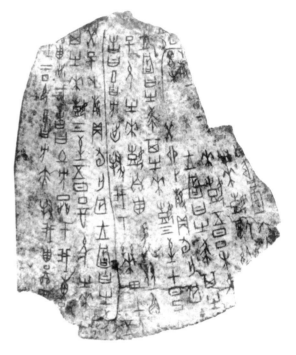

图 26 出现于公元前 1200 年左右的甲骨文

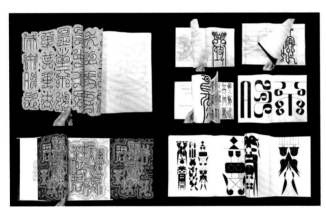

图 27 "拆解与重构"：根据汉字中早期曾出现的鸟虫篆书法样式，重新做的字体设计。

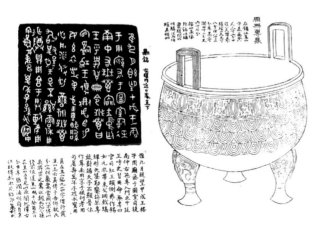

图 28 周代青铜鼎及其铭文拓片（约公元前 800 年）

图 29 汉字图形化创作依旧遵循传统的"永字八法"规则

1．字体图形化的基本原则

（1）图形与文字内涵相一致原则

这是针对图形化字体设计而言，其形式风格应与汉字本身所具有的内容应相一致，应将文字的装饰艺术性与语言的精神内涵做到"形意相通"。（图30）

（2）各文字图形之间整体风格要满足统一性原则

对经过图形化设计之后的多个字体来说，字与字之间彼此的形式语言和表现技法要统一，不能仅看单个字体的变化，而应形成完整的字体风格，这样整体才能产生视觉上的协调感与美感。（图31）

（3）变化后的文字图形要具有易读性原则

所谓"易读性"原则指文字经过图形化处理之后，能让观者简单快速地观看明白。这个原则非常易于理解，想做到这点，设计师不仅要考虑到人们长期以来的阅读习惯，而且要仔细分析文字的基本结构与笔画，然后再进行设计。（图32）

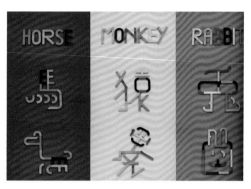

图30 汉字图形化设计时要保持图形与文字内涵相一致的原则

图31 汉字图形化处理时，各文字图形之间整体风格要满足统一性原则

图32 造型好看但是比较难懂的汉字字体设计案例。因此，对汉字进行设计时，还需要注意变化后的文字图形要符合易读性原则

2．字体图形化的几种方法

（1）对汉字中个别笔画用图形化语言进行替换与嫁接

该方法主要是对汉字中不那么重要的笔画进行移植替换。根据汉字结构的特点，利用除了字体基本结构框架横、竖之外的笔画创作，对笔画中的点、捺、撇等次要部位根据其动势，采用具有代表性或符号性的图形进行替换，将文字与图形相结合。运用这种方法创作时，同样需要注意各文字之间的协调性与统一性。（图33—图34）

（2）通过对汉字字体结构的改变重塑字体外形

将汉字本身的结构和笔画破坏后进行重构。该方法大体有两种方式：第一种，通过字体重心的上下移位，或根据文字自身的繁简差异增减笔画，意图打破汉字原先过于规整严谨的形象，弱化文字固有的方正感，赋予其一定的新意，整体增加图形化倾向。第二种，运用同构、解构等构图手法，各文字笔画相互之间借用、连接、重叠，形成一种完全崭新的字体创意。总体而言，它指通过增加字体的图形化视觉观看感受，减弱字体的阅读功能。这里需要强调的是，运用这种方式时要充分考虑到观看与阅读两者之间的平衡关系，视觉上既具有新颖独特的美感，形态又不散，尽量不损失其可读性。（图35—图37）

（3）利用增加文字的装饰效果达到图形化目的

通过对汉字的字角变形、笔画断笔、错落扭曲、立体化处理等手法，增加文字的装饰性效果。采用将汉字字角转换成圆角、锐角、折角等方法，改变其方方正正的字体形象；或采用将原本连贯的笔画错位、截断的手法，改变原有字体的严谨形象；或通过将字体扭曲变形、文字位置错开摆放的方法，在视觉上产生图像化的效果；或将二维平面的文字边缘增加阴影处理，使之产生三维立体化的效果。（图38—图39）

（4）采用书法艺术的形式使字体直接产生图形化效果

汉字书法艺术源远流长，传统的书法字体古朴优美且富于变化，主要字体包括篆书、隶书、行书、草书、楷书五种。设计师可以根据各种字体的特点，选择合适的书写工具进行

图 33 汉字设计时对单个笔画的变形或嫁接

图 34 汉字设计时对笔画的替换或嫁接

图 35 通过汉字字体重心与字体结构的改变重塑字体外形

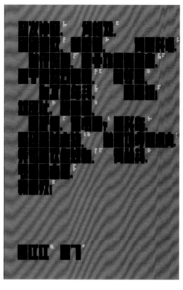

图 36 将汉字笔画加粗后转换成块面，增加字体硬朗与厚重感的形象特征

图 37 通过汉字字角转换成圆角、锐角、折角等方法，改变其过于方正的字体形象

图 38 利用增加文字的装饰效果达到图形化目的

图 39 利用图像与文字结合的方式所产生的装饰效果使汉字达到最终的图形化呈现目的

创作，既可以用传统的毛笔，也可用油画笔或毛刷，甚至在电脑中用各类笔刷进行书写，只要能够书写出我国书法艺术独特的笔墨神韵、遒劲飘逸的生动态势即可，一幅好的书法作品本身就是好的图形。（图40）

3. 版式设计中图形与文字的编排方法

在当今高度发达的社会传播机制下，无论是在传统媒体中还是在网络页面、手机界面中，图像与文字均是不可或缺且具有高度视觉认知功能的信息载体，各式各样的文字和纷繁多变的图形是构成一个版面的最基本要素。设计师们通过变化图形和文字之间的大小比例、构图位置、色彩关系、肌理效果、动静态势等手法将它们进行混排处理，通过对比关系将二维空间上的平面设计出视觉上的纵深感、层次感、错视感、方向感，以静态或动态的形象，给阅读者留下丰富而强烈的视觉印象。这个设计编排过程中，设计者除了需要掌握必要的软件制作的基础之外，还要具有一定的构图技巧与艺术审美的能力，才能设计出独特又协调的优秀作品来。

（1）版式设计中的图文关系

无论版式内容如何变化，图片与文字的搭配方式体现在具体的版式设计中，总的来说可分为"字多图少"与"图多字少"两种情况。

第一种，"字多图少"，指以文字为主要内容的版面，间或有少量图片夹杂其中。以文字为主的版面多集中于书籍版面的设计与报纸杂志类的版面设计之中。这类版面设计的特点是多采用单栏、双栏、三栏的排版方式，页面中字距与行距较大，页边距留白也较多，图片与文字的距离不宜太窄，这样可以有效降低阅读时视觉上的疲劳感，为整个版面营造出简洁整齐、疏朗清爽的视觉效果。（图41）

第二种，"图多字少"，指以图片为主要内容的版面，有少量文字信息或主要标题。由于图片本身具有强烈的感染力与视觉冲击力，因此在以图片为主要传达信息的版面中，可以突出图片的形象，甚至用满版出血的形式加以表现，再辅助以相关的文字内容。需要注意的是，在以图片为主的版式编排中，版面中图片的多少也决定着排版的方式的差异。

图40 此设计运用汉字书法艺术的形式使字体直接产生图形化效果

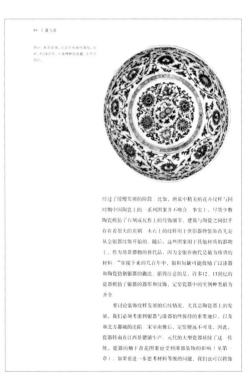

图41 "字多图少"以文字为主的版面设计

图 42 "图多字少" 以图片为主的版面设计

图 43 视觉空间中透气感的获得来源于页面留白的多少

当版面中以单张图片为主进行排版时，图片的处理方式风格鲜明，图文结合的版式设计自由、随意、多变，比较容易突出个性。当版面中需出现多张图片时，首先需要考虑的是图片的位置摆放是否合理，整体风格与色调是否统一，各图片之间排列的先后次序与大小比例是否恰当，视觉重心是否取得了平衡，等等。图文结合的版式相对于单张图片而言更加复杂，有更多的问题需要处理，受文字与图像各方面的综合影响也要更多一些。（图 42）

（2）版面设计中的图文空间处理

在任何版面设计中，设计师需要处理好页面中图片与文字的关系，对关键性的文字信息与主要图片的位置大小做合理的安排，在使其充分传达信息内容的同时，还能具备吸引目光的新奇感，以及打动人心的视觉冲击力，最终达到预设的视觉传达效果。

a.版面中的空间布局与留白

通常情况下，设计师会根据设计内容的差异，对版面中的空间进行不同的布局与分割处理。版面中的空间感与透气感的体现，与页面中的留白之间有着密切关联。当页面中留白越多，视觉焦点多聚焦于版面中心，整个版面看起来越具有视觉空间上的通透感；相反，留白越少，版面图片文字安排较满，看起来越具有紧张与局促感。因而设计更应考虑巧妙的留白处理，以增加页面的透气感。（图 43—图 44）

另外，从视觉感受上而言，如果将图文编排在整张版面的上方，会产生出一种向上的升腾与轻松感；而将图文编排在整张版面的下方，则会给人一种沉稳静止的感受。如果将图文主要内容聚集在版面的中间部分，四周留白较多，视觉上则会产生一种高度聚焦效果，而周围留白的部分又会有强烈辐射的张力；相反，如果将图文主要内容沿着整个版面四周边缘进行编排，则会产生出一种向外的扩张感，无形中使人的视觉向外扩展，版面显得宽广而大气。（图 45—图 47）

版式设计中将图文内容沿页面的中轴线编排，会产生左右对称的效果，在视觉上带给人绝对的均衡感与稳定感，同时，引导观者视觉流程以自上而下的观看方式完成。除此之外，

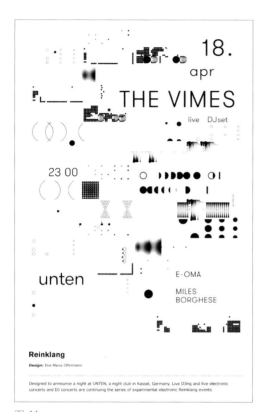

图 44

图 45

图 47

图 46

图 44 视觉空间中透气感与页面中留白的大小位置有着密切关联

图 45 版面视觉焦点居中的版式设计

图 46 该图像置于画面左侧，文字信息被放于右上角，由此整体观感达到平衡

图 47 图文内容沿着版面边缘进行编排，给人一种向外的扩张感

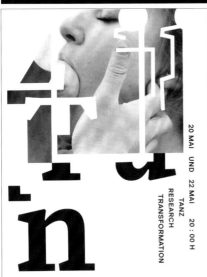

图 48

版面中另一种更为常见的均衡关系是不对称的，将页面上的图形、文字、线条等元素，根据设计意图以一种自由松散的方式任意摆放，设计师通过营造视觉上的平衡感来安排处理画面空间。（图 48）

b. 版式设计中的空间形式

当单个页面作为视觉观看上的完整空间形式时，版面设计中的图像、文字、色彩、线条元素，如何在有限的空间之中被合理高效地组织安排，使之既具备视觉表现上的新奇感与冲击力，又包含有极其丰富的内涵，需要设计师对版面中的各种空间形式能够有熟练的了解与掌握。简单说来，页面中的空间包括正负虚实空间、多层次空间、多维透视空间几类。在传统的版式设计中，这三类空间形式仍构建在静止的二维平面之上，而在新兴传播媒体的版式设计中，则更倾向于建立在动态三维效果之上的空间营造。

第一类，正负虚实空间。页面中的图像、文字构成了空间中的正空间，也就是实体空间，除此之外的都被称为负空间，也称虚空间。两者虚实相生，相辅相成，互为依托，一个空间的改变势必产生相互之间的影响。为了对两者进行区分，我们多从色彩、线条方面加强正负空间的对比，增强版面的视觉效果。（图 49—图 50）

图 49

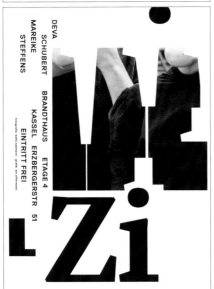

图 50

图 48 图文内容沿着页面中轴线进行编排

图 49 页面中的图像、文字与留白处理，构成了版面中的正负空间

图 50 在版式设计中注意加强图像的虚实正负空间的对比，增强版面的视觉效果

第二类，多层次空间。多层次空间是相对于实体空间图像而言的，通过对版面中主要元素采取重叠、交错、明暗对比、色彩对比等手法进行处理，产生虚的、具有透视感的距离与进深感，从而达到多层次空间的视觉效果。一般来说，对比越强层次空间感越强，视觉效果越明显，反之越弱。（图51）

第三类，多维透视空间。版式设计基本以二维空间为主，用图文、肌理、动势等创作出多元化的效果，但因其过于扁平化的特征，视觉感染力明显不足。因而，设计者经常会在二维空间中营造出三维的图像效果，通过将视觉图形在空间中进行透视、变形、扭曲等处理，营造出立体化的三维空间，或者直接设计出有悖正常逻辑和视觉习惯的矛盾空间，达到增强其视觉吸引力与冲击力的最终效果。（图52—图53）

图 52 版式设计中的多维透视空间处理

图 51 通过对版面中主要元素采取重叠、交错、明暗对比等手法，产生不同的距离与进深感，从而达到多层次空间的视觉效果

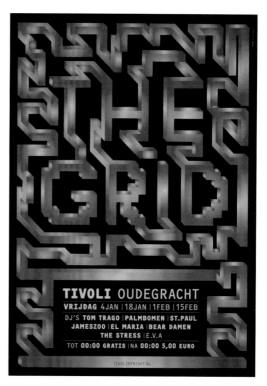

图 53 通过对文字的扭曲透视处理，版面整体呈现出丰富的多维度空间效果

第三节 未知的指引：
"被观看"的视觉流程编排

图 54 自上而下单向型视觉流程版面

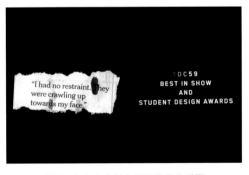

图 55 自左向右单向型视觉流程版面

人们在阅读与观看画面时，往往都有一定的行为习惯，这个习惯或许在我们浑然不觉的情况下发生，久而久之就形成了平面设计领域中通用的视觉流程。在做具体设计时，掌握这种视觉流程的基本原理，不仅可以帮助观者在纷繁杂乱的资讯中快速准确地获取到所需要的信息，更能够有效地吸引消费者的视线，进而引导其关注设计师想要传达的信息内容。

一般情况下，大多数人的观看方式习惯于自上而下、自左而右进行浏览，阅读时的视线也习惯于由左上角开始，慢慢转向右下角呈弧线形展开，因此版式空间中的各种要素也大都以此为基础进行编排。将版面中的各种图形、文字、色彩、线条等信息，根据其主次关系与先后顺序在页面中进行合理有效的安排。根据人类观看时的视线差异，我们可将版面空间中的视觉观看流程分为以下几类：

第一类，单向性视觉流程。这指根据视线特征简单清晰地分别从左向右以横向方式，或从上向下以纵向方式，或从左上到右下以斜线方式安排页面图文信息。（图 54—图 55）

第二类，导向性视觉流程。这指根据人们浏览页面时的视线动态特征，将图像、文字、线条等基本元素合理布局编排，引导观者的浏览视线沿着预设的角度、线条、方向或路径一步步有规律地进行移动，直至到达视觉流程的终点。（图 56）

第三类，离心式视觉流程。排版时将页面中的视觉焦点刻意偏离版面中心的方向，或以版面的上下左右任一边为视觉流程的中心，再利用次要的图片文字来引导平衡整张版面。（图 57）

第四类，自由式视觉流程。将各种图文信息在页面中自由松散地进行排列组合，这种视觉流程意在突破已经固化的版面观看方式，刻意营造出自由版式的效果。（图 58）

图 56 该版式的观看方式沿着"V"字形的边缘展开，视线先自上而下开始，再自左而右移动，形成清晰的视觉流程

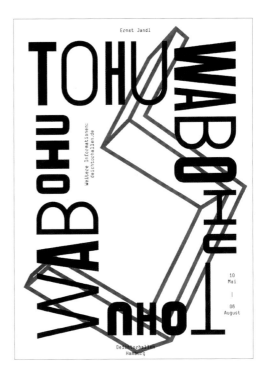

图 57 采用离心式版式排版时，将页面中的视觉焦点刻意偏离版面中心的方向，将视觉观看流程引导向版面的四周

图 58 由字母组成的主要信息之下，隐藏着自由曲折的红线，这才是设计者真正预先设定的视觉流程走向

图 59 群组式视觉流程在版式中的应用

03 整体与局部 /
网络系统中的图文编排方法

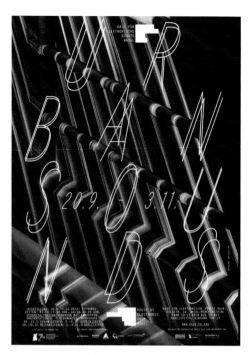

图 60 版面设计中的通用原则，即先区分设计内容的主次与先后顺序，再将信息元素由视觉中心位置逐渐向四周边缘放置

第五类，群组式视觉流程。将某类形式内容相近的图文，以群组的方式反复出现在版面中，从而产生活泼跳跃的节奏韵律感，引导观者的视线按照预设顺序从一个群组连接至另一个，直至最终浏览结束。（图 59）

除了上文列举出的几种视觉流程之外，设计师在进行设计实践创作时，还需要遵循版式设计中的一些通用的基本原则。例如，设计前应首先区分好元素的主次与先后顺序，把需要重点传达的信息优先编排，并且使其居于视觉中心的位置。同时，还要充分利用色彩、大小、留白等对比手段予以突出加强，这样才能在版面设计中将关键性信息准确高效地体现出来。如果不加区分地将各种视觉元素一股脑儿混淆在一起，其结果会消解掉观者的视觉流程，从而导致重要信息传达的缺失甚至无效，这样的设计无疑是失败的。除了上述这些，设计师在安排具体设计流程时，同样需要遵循版式设计中的变化统一性、重复节奏性等形式美基本原则。（图 60）

04

自由的版式
一种视觉语言风格的产生

图 1 自由版式中版面的整体布局更加不羁，强调
随意自由的视觉传达

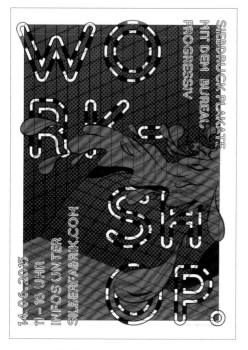

图 2 自由版式设计对版面中图文都以图像化的方
式进行处理

第一节 自由版式的特征

现代社会快速紧张的节奏，使人们越来越偏爱轻松有趣、自由随意的版面构图形式，在版面的编排上打破前人设计传统，不再重复以往规整严谨、偏理性的传统构图版式与所谓规则，力图通过更加感性的形式发掘出新意来。这就要求版式设计愈来愈向观念性与个性化方向发展，在此背景之下，以自由版式为主的版面设计渐趋流行。

所谓自由版式，就是在设计时将原先版面中各种限定性的元素与已有的范式消解，弱化以网格系统为基础的严谨版面构图形式，以完全自由的排版方式编排页面中的图文内容。它因排版方式的活泼性、随意性与趣味性，往往能带给人耳目一新的视觉印象，在今天的平面设计中被广泛应用。我们可以从大量的书籍装帧、广告海报、网页设计、界面设计中，找到具有艺术特性且风格迥异的不同案例。根据自由版式独特的形式特征，我们可将其简要归纳为以下五点：版式的自由布局、文字图像的一体化处理、图文解构后的打散重组、信息可读性的弱化、图文编排的趣味性等。

特征一：版式的自由布局

自由版式中对于页面空间中的主要元素，如版心位置、页边距、行距、字距等内容，完全取消了各种限定性因素，取而代之的是更加自由随意的表现空间。版心位置也不再局限于中心或者版面的四边，设计者可根据位置需要，任意对行距、字距、天头、地脚、页边距进行自由处理，即使拥挤重叠在一起也自成风格。（图 1）

特征二：文字图像的一体化处理

自由版式中的文字创新性强，将原本仅用于传达信息的功能减弱，形态逐渐向图形化转变，与图像元素融为一体，成为渲染情绪与吸引观者的主要手段。自由版式通过叠加、错位、割裂等方式处理文字及图像的位置关系，令人产生或紧张局促、或新奇怪异、或闲散松弛的观看体验。（图2）

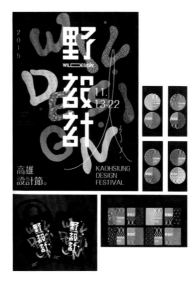

图3 对版式中的图文解构后打散重组，形成崭新的更年轻的视觉形象

特征三：图文解构后的打散重组

自由版式将原本规整的图像文字进行解构后再重新排列组合，通过突出主要形象特征的方法，充分运用涂鸦、乱码、切割等破坏性手法，刻意制造出个性鲜明的艺术效果，增强版面的新鲜感与感染力。（图3）

特征四：信息可读性的弱化

传统的网格系统版式往往通过字体的行距、字距、文字信息与版面的比例关系来编排，形成符合人类浏览习惯的样式，给人带来清新、整齐、舒适的阅读体验，最终传达出设计者的意图，此时的信息是清晰可读的。而自由版式对于这类排版方式是排斥的，甚至是反叛的。为了突出版面的视觉效果与刺激性，设计者往往通过重叠放置、缩窄挤压、虚实关系等处理手法，刻意弱化版面中信息的可读性，使信息与图片以一种更加整体融洽的方式得以共生。（图4）

图4 自由版式设计中对版面信息的可读性刻意做弱化处理

特征五：图文编排的趣味性

由于自由版式的设计更注重情感性、新颖性、趣味性的表达，因而整个版面的编排尤其注重对以往既有形式的突破。设计者通过不断推陈出新的版式创新，同样运用色彩、图像、文字基本元素，来传达不同样貌、情绪与趣味的情感信息，为观者塑造出一个个丰富感人的视觉故事，从而在视觉上与精神上引发更多的认同与共鸣。（图5）

图5 自由版式设计中更加注重趣味性的表达

nipponbebidas.com.br

Nippon
Japanese beverages

图 6 版式设计中的极简风格

* K-SPARKLING
산사춘 S
7°

PACKAGING **Senior Design** Kim Ryun Seo, Seoul **Art Direction** Kim Hee Bong **Creative Direction** Cho Hyun
Studio S-O Project **Client** Baesangmyun Brewery **Principal Type** Custom **Dimensions** 8.7 x 21.7 in (22 x 55 cm)

图 7 干净单纯的画面与简单朴素的图像，构成一幅具有视觉张力的极简风格版面

第二节 版式设计中的视觉语言风格

　　版面设计中的各种图形与文字，构成了整个页面版式中最为重要与直观的视觉要素，常常以或古典优雅、或简约现代、或清新淡雅、或黑暗诡异的风格占据着整张版面的中心位置。将图文合理地安排布局，既能获得满意的视觉效果，又能鲜明地体现出设计主旨的艺术风格，是设计师们一直在努力并且进行着不懈探索的目标。精彩的图像与文字信息编排，不仅能快速抓住观者的目光，还能增加画面的渲染力，令观者短时间内了解版面的内容。因此，对于各种不同视觉语言风格的掌握与灵活应用，是平面设计师必须研究的功课之一。

　　图像与文字作为版面视觉语言中最突出鲜明的内容，因表现内容、创作技法与艺术格调的不同，体现出的风格也存在较大差异。根据目前平面设计中常见的图文风格特征，可将其分为以下十大类别。

一、简素质朴的极简风格

　　版面设计中图文的"极简风格"，以抽象简洁的画面元素，构成一种高度克制、低调朴素的图像文字风格。虽然构图简单，也没有复杂考究的图形与文字，它却能够在有限的图文元素中无限放大图像的内涵，言简意赅，视觉张力十足，给人留下深刻的印象。极简风格中，图像的背景与底色多较为单纯，大都以素雅简洁的白色或浅灰色调为主，文案也大都简约明了，因而又被称作冷淡风或北欧风格，是目前平面设计中图像应用最为普遍的视觉语言风格之一。（图6—图7）

二、意蕴深远的传统东方风格

　　在今天的平面设计领域中，各种充满东方韵味的图形与文字元素是版面中另一类较为常见的设计风格。以东方传统文化中最具代表性的中国、日本、韩国等国家为主，设计者通过对其传统文化中的经典民族艺术形式的借鉴与提取，形成典型的具有东方风格的视觉语言。其中既包括对东方古典绘画艺术、书法艺术、雕塑艺术等纯艺术形式中的创作题材、表现技法、形式语言的借鉴，也包括对东亚各国经典器物文化、园林建筑艺术、传统手工技艺、服装发饰、民族纹样与图腾、民风民俗等民族元素的展示与表现。当然，随着东西方文化的不断交融碰撞，传统的东方文化与西方文化之间也在彼此吸收与接纳，即使以东方传统文化为主要表现形式的图像，也越来越具有传统元素与现代元素的双重特征，逐渐演变成为东西方都能读懂并了解的国际化视觉语言形式。（图8—图9）

图 8 通过对东方传统文化中经典艺术形式的借鉴与提取，形成典型的具有东方风格的视觉语言

三、经典怀旧的复古风格

近些年的版面设计中，经典怀旧的复古之风又开始大行其道，无论是在亚洲、美洲，还是在欧洲，世界各国的历史文化虽然存在差异，对经典文化的热衷却基本趋同一致，也引发了平面设计领域中怀旧复古风的再次复兴。虽然不同历史时期的复古风格也各不相同，但在大多数情况下，一幅版面中复古感可通过以下几个方面获得：

1. 追溯某个时期的集体怀旧感，从而引发读者情感上的共情

版面设计可通过对某个时代的人所共有的生活环境、生活方式、日常器物、时尚衣服饰品等图像内容的呈现，使人重温一段共同经历的时光。这种方式在今天的广告、海报、电视等媒体中被应用广泛，通过对过去某个时代怀旧情感的唤醒，引起群体的情感共鸣后产生亲切感，进而激发观者参与或购买的欲望。（图10—图11）

2. 用技术手段塑造画面中的年代感，营造视觉上的美学风格

版面设计可通过运用平面处理技法，将原本新拍的摄影照片或图形处理成具有历史沧桑感的图像，或从视觉上营造出一种经岁月流逝后被侵蚀的美学风格；可以通过做旧、撕

图 9 版面中的合家欢图像与字体，传达出东方传统文化中所蕴含的重视家庭亲情的深厚精神内核

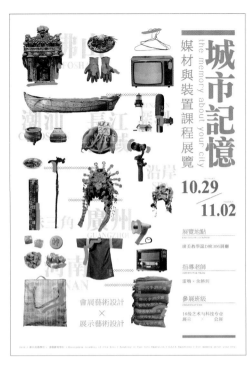

图 10 通过运用城市生活中某一个时期具有代表性的器物形象，激发观者的记忆并引起共鸣

裂、噪点、腐蚀等手法的运用，达到理想中的图像效果。例如东方文化中民国时期的旧上海风情，那些稍显发黄的广告月份牌上，身着精美旗袍，烫着各式卷发，佩戴着时髦首饰，略施粉黛的时尚美人形象，和那个时期中西合璧的家具、日常器具、室内装饰一起构成了一幅幅怀旧复古的大上海生活场景，形成了独特的视觉语言风格。（图 12）

3. 通过对某个时期典型艺术风格的复刻，重新再造经典

复古感的获得除了上述两点之外，设计者还常提取历史上某个典型艺术时期的主要风格特征与元素，对其进行复制或再造，力图尽量还原当时真实的艺术样貌。如欧洲艺术史中宗教性极强的中世纪哥特艺术（Gothic）、优雅柔美的洛可可艺术（Rococo）、以纤细柔韧的缠枝藤蔓纹为主要特征的新艺术风格（Art Nouveau）等等，都是颇具代表性的欧洲经典艺术风格，也均具备独特的、辨识度极高的视觉形式语言。对其主要艺术特征的提炼与再现，是构造复古风格常用的手法之一。（图 13—图 14）

图 11 将一个时期的经典卡通形象在版面中加以呈现，唤醒一代人的记忆

图 12 画面中重新塑造了 20 世纪 30 年代上海时髦女郎形象的复古版面设计

图 13 典型的借鉴装饰艺术风格（Art Deco）的海报设计

四、清新简约与自然空灵的经典日系版面风格

在版式设计中，清新明快、简约空灵的日系版面风格可谓独树一帜，也是目前应用最多的版面风格之一。在日本人的美学传统中，侘寂、幽玄、充满禅意的画面，一直以来是日本民族审美观中的核心内容。这种根深蒂固的审美标准，无疑在他们的版面设计中也得到了充分的体现。图像通过页面中大面积的留白处理，给人带来空灵通透的呼吸感，图像与文字都让位于大片的空白，留给人无尽的遐想空间。在色彩的应用上，日系版面设计偏重于弱化色相的对比度，以清新淡雅的色调使人产生轻松舒适的视觉感受。（图15—图16）

图 15 日本品牌 MUJI 海报自然空灵风格的版式设计

图 16 清新简约风格的日系版式设计

图 14 用新艺术风格元素创作的竹子材料自行车海报设计

04 自由的版式 /
一种视觉语言风格的产生

図 17 以日本传统文化经典为创作题材的版面风格

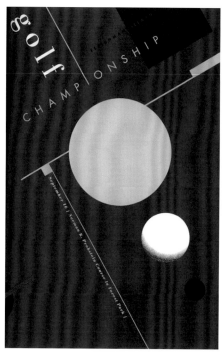

图 18 现代主义版面风格中的点、线、面与几何
形态等基本元素

此外，在日本设计师的平面设计作品中，创作题材的灵感很多来源于日本传统文化的沉淀。其中既有对大自然中自然风景的热爱，各类花鸟虫鱼、飞禽走兽、山川树木等也都是其热衷表现的内容；题材中有大量应用了日本本民族喜闻乐见的各种元素，各地的民风民俗、传统纹样、工艺器具都极为常见，日本的浮世绘艺术、和服和纸、莳绘漆艺等也都是平面设计中重点表现的对象。从另一方面来说，这也创造出了基于日本本民族精神信仰之上的、独有的经典日系版式设计风格。（图 17）

五、在点、线、面基本元素上构建的现代主义风格

这是一种最早建立在现代主义抽象绘画艺术基础上的版面设计风格。20 世纪 20 年代左右，欧洲的抽象主义绘画出现，以图形中最基本的点、线、面元素为主要表现方式，运用三角形、圆形、方形等几何形态为基本图形元素，结合红黄蓝三种色彩构成了简洁、现代的版面形式。在现代主义艺术运动影响之下，平面设计领域产生了巨大变革，并席卷了 20 世纪初期的整个欧洲大陆。在我们所熟知的几个现代主义艺术运动中，对平面设计领域的探索，无一不是建立在最基本的点、线、面绘画语言之上。荷兰的风格派、德国的包豪斯学院、俄国的至上主义运动，均是如此。这种现代主义版面风格主要有以下四点特征：

第一，版面中主要研究最基本的点线面之间的关系，运用三角形、圆形、方形等几何形态为基本图形元素，通过严谨的线条、色彩、块面编排，对整张版面空间进行分割，再结合相应的文字进行版面布局。（图 18）

第二，版面空间布局自由生动，形式感强，通常具有强烈的动态感。尤其是版面多呈倾斜构图方式，充分协调运用线条、文字等基本元素，形成其特有的视觉语言。（图 19）

第三，版面中的图像很多采用蒙太奇的摄影或拼贴手法创作完成，同时结合线条、色块，以及简洁现代的无衬线字体，产生了独特的、深具现代感的视觉形式语言。（图 20）

第四，就创作题材而言，现代主义版面设计与内容编排时强调视觉传达的功能性，很多还指向一定的社会现实意义，用以暗喻某些人物或真实的社会事件。现代主义风格的版面设计从20世纪20年代产生，一直发展到今天，这种设计风格仍很受欢迎。

六、造型夸张怪诞、色彩艳丽的后现代版面设计风格

伴随着现代主义艺术的逐渐消退，自20世纪60年代起，后现代主义艺术以其更加多元的形象走上舞台。这场二战之后以"战后婴儿"的年轻一代为代表的青年设计运动，最初是以对现代主义艺术彻底批判的面貌出现的。现代主义艺术中原先固守的核心价值观基本消解，原本艺术中遵循的极简、严谨、纯净、理性、功能、社会性、精英性等特征，为另一种截然不同的价值观体系替代。后现代艺术中重视多元共存、消费主义、大众意识、感官体验、流行文化、复古潮流、个性化、边缘化、男女平权、反精英化等等，这些都是20世纪60年代之后的平面设计中所广泛体现的题材与内容。同样，这场巨大的变革表现在版式设计中，就是各类后现代平面设计风格的兴起，欧普艺术、波普艺术、意大利反设计运动等艺术风格，不同时期先后大行其道，成为新时代风格的主流。

欧普艺术的特征是通过线性与几何形的运用，从光线、色彩、形状几方面探讨视错觉艺术的一种风格。欧普艺术风格的版面设计大多采用鲜亮醒目的对比色彩，或者直接用对比强烈的黑白两色、不断重复排列的线条和色块，结合图形的扭曲、错视、发散、变形、透视等视觉空间处理手法，在简单的二维平面空间之上，构建出丰富立体的多维空间效果。欧普艺术利用人类视觉上残留的特性，用图形激烈地震颤刺激着观看者的视觉神经，构成一种光怪陆离的视幻觉画面，因此又被称为视幻艺术。另一个需要注意的是，欧普艺术中的图形看起来虽繁杂却十分有序，大多数情况下是人类经过精确计算后的结果，也是现实世界中不可能存在的图形。（图21）

图19 现代主义风格版面的另一个特征是，大量采用倾斜的动态构图方式与形式语言进行版式编排

图20 现代主义风格的版面设计中常用蒙太奇摄影与拼贴手法呈现出独特生动的视觉语言

图21 以欧普艺术风格为主要创作特征的版式设计

063

图 22 以波普艺术风格为灵感来源的版式编排

图 23 孟菲斯版面设计风格中常见的构成元素

图 24 意大利孟菲斯版式设计风格

波普艺术作为 20 世纪 60 年代产生的、由年轻人主导的艺术风格，不仅是消费主义与流行时尚的代言人，也是后现代艺术众多门类中最具代表性的艺术风格之一。一方面，它追求物质享受、重视感官体验、紧跟流行文化的特征使其与消费文化紧密相连；另一方面，从精神层面而言，它强调个性特征、去政治化、非主流意识、反精英化的特点无疑又增添了几分哲理性的思考。这种精神与物质的不可调和状态，使其表现出一代青年人所具有的迷茫、矛盾、激进、叛逆、戏谑的多重特征。

这种艺术基因也同样表现在版式设计之中，波普艺术的视觉语言中用到的色彩倾向大多鲜艳亮丽，甚至给人感觉有些艳俗的高饱和度颜色，通过色彩之间的撞色处理，给观者视觉上带来强烈的冲击力；版面构成元素上偏爱大小不一的波点或条纹，喜欢采用丝网印刷、图形拼贴等方法，整体营造出轻松诙谐、不合常规、简单活泼的整体格调；创作题材则偏爱一些备受追捧的流行明星与名人，或日常生活中司空见惯的场景与时尚消费商品。这些熟悉的人物与场景的应用，既凸显出波普艺术大众化的特征，又提高了创作对象的辨识度，从而增加观者的情感共鸣。（图 22）

以孟菲斯为代表的意大利激进设计集团，是继 20 世纪 60 年代波普艺术席卷欧洲之后，于 70 年代出现在意大利的年轻一代设计组织，以阿卡米亚与孟菲斯设计集团为代表。尤其到了 20 世纪 80 年代之后，孟菲斯更是成长为引导欧洲后现代艺术风潮的新势力。孟菲斯设计集团除了在室内家具等领域做了大量的产品设计作品之外，在平面设计中也形成了自己独树一帜的风格，其视觉形式语言表达方式对今天的版式设计也造成了一定的影响。（图 23—图 24）

如果对设计风格进行分析，我们会发现意大利孟菲斯版面大都具备以下几个主要特征：第一，从色彩倾向上来看，它与其他后现代典型的版面特征类似，偏好于鲜艳明快、高亮度、对比强烈的色彩；第二，从基本视觉元素语言上而言，它最大限度地将点、线、面基本元素进行各种组合与尝试，常用菱形、圆形、曲线、直线、波点、三角形、方形等简单几何形态，并经常将上述简单几何形与鲜艳色块任意结合，或铺底或重复地大面积使用，在版面中总体营造出轻松自由、活泼愉悦，甚至带有几分诙谐童趣的年轻风格。

七、棱角分明的 Low-poly 风格

Low-poly 风格，又称低面建模风格。Low-poly 为 3D 建模时的一种专业术语，早期在三维建模软件 3D-Max 或犀牛等软件中被广泛使用，目前在平面设计领域中，也成为一种独特的风格被普遍应用。该设计风格大多数情况下，须借助于三维软件中的 3D 建模方法来完成视觉图像。由于建模时模型的各连接点与边角采用较少的点线面来制作，导致模型的结构比较粗率，呈现出棱角分明的多边形外观效果。再加上低面建模时，大都牺牲了物体原本圆滑的曲线轮廓，因而最终模型经灯光与环境渲染之后，虽表现为多面棱角的生硬形式，却呈现出一种截然不同的抽象利落的特殊效果。（图25—图26）

在色彩应用上，Low-poly 通用的手法是纯色填充，通过色彩的深浅对比所产生的立体图形来识别物体，尤其是相邻的部分，色彩必须要有所差别。此外，这种风格除了 3D 建模之外，用一些 PS 或 AI 等平面制作类软件也可以制作完成，但最终呈现的效果远不如前者立体。

八、诡异怪诞的超现实主义风格

超现实主义艺术，最早出现于两次世界大战之间的欧洲，通过探究人类未知的心灵世界，揭露人类理性逻辑思维表象之下的更加本能的深层潜意识心理世界。艺术家同时认为，人类在现实世界中受理性所压抑的欲望会超越现实，在梦境中的超现实世界里达成，最终实现人类的虚幻梦境与现实世界的和解。在超现实主义风格早期的版面设计中，整体色调的应用大都以隐晦、虚无的黑白或灰色调为主，图像以摄影相片为基础，通过象征、移植、变形、夸张等处理手法，将

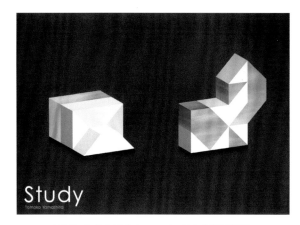

图 25 棱角分明的 Low-poly 风格的版面设计

图 26 将原本立体光滑的表面，运用建模手法塑造的 Low-poly 多面棱角的形式

图 27 通过夸张的处理手法，将现实世界与梦境中的
虚幻世界相连，虚构出一个抽象的臆想中的世界

图 28 怪诞诡异的超现实主义风格版面设计

现实世界与梦境中的虚幻世界相连，通过对现实细节的具象描绘，虚构出一个抽象的臆想中的世界。因此，超现实主义版面风格最终呈现出神秘又荒诞诡异的视觉效果。在今天强大的技术软件的支持下，设计师的创造力被无限放大，各种设计软件将设计元素与 3D 的技术以更完美的方式加以结合，营造这种超现实主义风格中诡异、神秘、荒诞的场景环境，也更加逼真和精彩。（图 27—图 28）

九、充满未来感的赛博朋克风格

赛博朋克，英译为 Cyberpunk，是一种以人工智能、网络黑客、信息技术、基因生化等高科技题材，以及城市中熟悉的摩天大楼、巨幅广告、贫民窟为背景作为表现对象的艺术，简单说来就是对未来人类所具有的一种"高科技，低生活"生存状态的艺术化阐释。赛博朋克艺术中有着强烈的反叛、反乌托邦的悲观主义色彩，通过塑造未来人工智能下的虚拟世界，与人类文明失落下的真实世界之间的矛盾而展开。（图 29）

赛博朋克风格的版式设计特征包括两个方面：第一，在色彩上为红蓝色调，以灰暗的青蓝冷色调为主，搭配一些玫红、黄色的霓虹灯光，以及具有科技感的蓝光；第二，在图像的表现技法上，多采用一些碎片化、失真感、交错、重叠

图 29 通过塑造未来人工智能下的虚拟世界与人类文明失落下虚拟世界的真实世界之间的矛盾，赛博朋克艺术中天生带有强烈的反乌托邦的悲观主义色彩

的处理手法，力图渲染出一种贫民窟般的、未来城市的破败荒芜景象。如在一片漆黑雨夜之中，象征人类真实生存状态的微芒忽明忽暗，虽现代感十足却充满了迷茫与悲情的效果。赛博朋克艺术虽以高科技的面目出现，但它的终极目的是反高科技的，意在警告当下的人们，高科技的无限发展，给人带来的并不一定是想象中的幸福，相反，却可能将人类引入无边的黑暗之中，人类应该为了自己的未来做出更多的改变。

十、自由随性的插画风格

各类自然生动、意趣盎然的插画风格，在今天的版面设计中应用非常普遍。这些风格迥异的插画艺术，或清新淡雅、或诙谐趣味、或朴实可爱、或优雅复古、或几何简约、或率真写意，不仅是艺术家们非常喜爱的表现形式，也是读者越来越喜闻乐见的版面设计风格。简单说来，版式中插画的图形种类可分为两大类：第一类为纯平面类插画创作，包括涂鸦、填色、晕染、手绘、线描等；第二类为偏立体化的，我们称之为 2.5D 类的插画创作。

1．纯平面类插画的版面风格

（1）纯手绘插画版面

这是被运用最多的一种插画形式，完全通过绘者的手绘功夫来创作，设计者的灵感巧思通过线条的粗细缓急、色调的色彩浓淡、图形的肌理质感体现得淋漓尽致。尤其是插画版面中各种颗粒感、平涂、晕染、拼贴、干燥等丰富肌理效果的应用，不仅增加了画面的感染力，设计者个人的情感也得以更轻松自由地传递与宣泄。（图30—图31）

图30 纯手绘插画风格版面设计　　　　　　图31 用撕边的手法将版面中的文字进行处理，营造出纯手绘插画风格效果

图 32

图 33

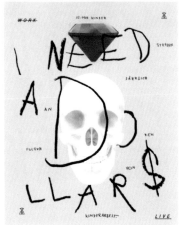

图 34

（2）简约型插画版面

通过对图像细节的高度简化，将原本图像中大部分的明暗关系、透视关系基本舍去，仅保留人物与物体的基本轮廓，在轮廓中填色或用图案花纹填充。这种插画版面设计简约生动且装饰性强，将复杂的图像浓缩成大小不同的色块和简单的肌理效果，色彩鲜亮活泼，即使远距离观看也能够轻易辨别，在今天的版面设计中被大量运用。（图 32）

（3）涂鸦型插画版面

涂鸦艺术最早出现于 20 世纪 60 年代的美国街头，发展到现在已经是风靡全球的艺术形式了。它最初仅仅是青少年在街区墙面上随意创作的插画，看起来像是不经意间的胡乱涂抹，整体显得零乱无序，多数情况下纯粹作为一种情绪的发泄，表达青少年群体对政治与社会制度的不满与反叛。它在 20 世纪 60 年代之后为大众所接受，逐渐融入艺术主流，墙上的涂鸦艺术开始成为城市里的一道美丽景观，甚至作为架上绘画的一种进入画廊和拍卖行，也出现了不少知名的涂鸦艺术家。

涂鸦型的版面设计内容极为丰富，艺术语言也自成一格，大多以简单的粗线描绘，色彩鲜艳略显俗气，虽然看似幼稚简单，却往往包含了深刻的精神内涵。创作的手法也不限，墨汁、油漆、水彩等都可绘画。涂鸦型插画版面中的字体应用多为简单随意的手写变形字体，整体构图也基本为没有任何透视关系的纯粹平面，很多图形更像某种符号般存在，人们在仔细研究后会发现多数情况下，这些图形符号和创作者自身或所处的时代息息相关。主要图形包括人物、器物、动植物、宗教人物、神灵怪兽等形象，以及各种天马行空的情节场景所组成的复杂画面。版面设计者也经常将涂鸦与照片结合进行创作，营造诙谐、幽默、戏剧化的效果，使人印象深刻。（图 33—图 34）

图 32 简约型插画版面风格版面设计

图 33 轻松随意的手绘涂鸦插画风格

图 34 以涂鸦艺术为灵感来源的版面设计风格

（4）渐变晕染型插画版面

在版面设计中，还有一种设计风格一直为设计师喜爱，这就是渐变晕染型版面风格。这种版面中的底图或图像构成，多以一种或几种颜色的渐变过渡为主要基调，在简单的形态或空间中形成色彩丰富、由浓渐淡的自然晕染效果。虽然版面风格制作方法简单，但整体视觉效果十分精彩，不仅可用于表现天空、宇宙、空气、云朵等虚无缥缈的对象，对于光线、阴影等不确定的物体表现力也极强，给人一种深不可测的、朦胧的神秘感与空旷感。（图 35）

（5）纯粹线型插画版面

在形形色色的纯平面类插画版面风格中，纯粹用线条描绘出的版面风格显得独树一帜。纯粹线型版式设计风格简朴、素雅，应用线条的粗细不同给人的感受也不尽相同。粗线条的插画风格给人简单可爱、干练清晰的视觉感受，而细线条构成的插画则给人清新雅致的感觉，尤其当整个版面中铺满单纯线条构成的图形时，会给人一种强烈的肌理感。（图 36—图 37）

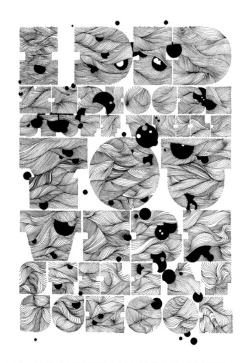

图 36　当整个版面铺满由单纯的线条构成的图形时，会给人一种强烈的肌理感，版面风格特征十分鲜明

图 35　渐变晕染型插画风格版面设计

图 37　以简洁单纯的线条描绘为特征的插画风格版面设计

图 38 以 3D 图像所创作的插版面风格

图 39 以 2.5D 图形为主要特征的半立体插画版面风格

2.立体化插画的版面风格

除了上述几种纯平面类型的版面设计风格之外，还有另外一类图像更加真实生动、立体化的版面设计风格，普遍被应用于今天的版面之中。经过仔细研究归类，常见的主要包括以下几种类别：3D 与 2.5D 的类型的版面风格、剪纸层次感版面风格、像素化数字版面风格。

（1）3D 与 2.5D 类型的版面风格

3D 图形就是由三维的立体图像所构成的版面风格。不可否认，三维人物和物体，有着比二维图像更逼真传神的视觉传达能力。由于立体图像更加立体丰满，质感更逼真，环境也更加真实，容易形成视觉焦点，因此最终营造出的视觉冲击力也更强。尤其图像在表现商品、人物、物品的细节方面栩栩如生，偶尔整体风格还呈现出超写实的版面效果，给人留下的印象十分深刻。（图 38）

另一种半立体的是 2.5D 图形，又称轴测图形，原先是依据工程绘图中的正投影法所绘制的多面投影图，因其绘制简便，具有一定立体感，又十分接近于人们正常的视觉观看习惯，逐渐流行开来。2.5D 图形与三维图形所不同的地方是，它在平面的图形基础上，能够表现出物体或环境的三个面，绘图也相对简单一些，在目前的界面设计、网页设计、交互设计、图表设计等互动型的版面中被广泛应用，是介于二维与三维之间的一种版面设计风格。尤其在表现建筑、家具等室内外环境中，配合光线与阴影的应用，版面中图形风格特征鲜明，立体感很强。（图 39）

（2）剪纸类层次感版面风格

图像中的各种图形元素，通过多层剪纸的层层叠加效果，配合色彩的深浅、色相对比变化，来增加版面中图像的立体感与透视感，产生剪纸立体效果的版面风格。这有点类似儿童读物中的立体书籍，图形轮廓大都裁剪得较为简约，色彩上采用同色系的深浅明度变化居多，显得整体色调十分和谐又有丰富的色彩变化。（图 40）

图 40 以剪纸轮廓的形式创作的插画版面风格

（3）像素化数字版面风格

像素化数字图形的出现，可说是数码与游戏界面对平面设计领域影响的结果。由一个个马赛克小方块形状的像素颗粒堆叠而成的图形，是早期数码与网络等信息科技时代的代表性符号语言。像素化版面风格结合了像素化的字体设计、卡通可爱的图形、鲜亮明快的色彩、动感又饶有趣味的构图方式，产生了数字化与科技感十足的现代版面设计风格，整体版面效果十分醒目而独特。（图 41）

第三节 版式设计中的视觉统一性原则

上一节对于版式设计中各种风格的讲述已经比较详细，但是在具体的实际操作中，如何将这么多种风格熟练应用，如何将版面中的各种重要元素（如图像、字体、色彩、空间关系等内容）处理得更加协调与统一，就需要遵循一定的视觉语言中的语法规则，遵从一定的秩序层次，才能设计出完整统一的版面来。

图 41 现代数码感极强的像素化数字版面风格

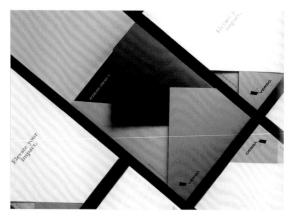

图 42 将版面中的各种元素，通过恰当地调整位置与大小达到视觉上的平衡

学习版面设计中常用的视觉语法关系，在自由随意的版式编排中，营造协调统一的视觉观感，可以从以下几个方面着手：1.视觉空间中平衡感的把握；2.版面中节奏感的获得；3.观看时韵律感的体验；4.视觉肌理质感的同质化；5.版面中图像与色彩在总体调性上的统一；6.通过调动相似的情绪特征，表达出近乎一致的视觉感受。

1. 视觉空间中平衡感的把握

依赖于设计师对于页面中的图像、文字、线条等元素，在视觉空间中均衡感与对称感的处理，使原本杂乱无序的各元素之间达到视觉上的均衡与稳定效果。（图 42）

2. 版面中节奏感的获得

在自由版式设计中，偏重于运用连续重复的编排技法，将形态与色彩相似或相近的图像元素反复排列，通过同一风格图像的重复使用达到视觉上的统一有序。（图 43）

3. 观看时韵律感的体验

在版面设计中，虽然韵律的感觉不是十分强烈，但我们依旧可以通过线条的曲直形状、色彩的明度变化、图形的动感处理，在视觉上使整张版面呈现出流动的韵律感。（图 44）

4. 视觉肌理质感的同质化

通过对版面中形态各异的图像、色彩、文字等主要元素的处理，使图文统一于某一种风格的质感肌理之中，保持着视觉语言的一致性。（图 45）

5. 版面中图像与色彩在总体调性上的统一

在进行版面编排时，将页面中不同内容的图像文字色彩进行调整，使其统一于同种风格的调性之中，这样既增加了彼此的协调性，在视觉上也更加和谐美观。（图 46）

6. 调动相似的情绪特征

通过同类版面风格中图像与字体设计情绪上的通感处理，使其产生视觉上的关联性，进而传达出一体化的视觉感受。（图 47）

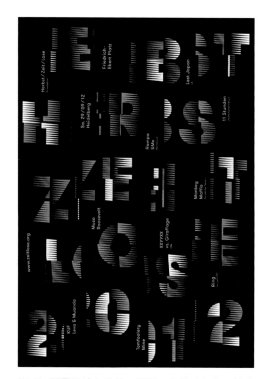

图 43 版面设计中由单一视觉元素的重复产生的节奏感

图 44 通过线条或色彩的动感处理赋予版面流动的
韵律感

图 45 版面设计中通过对肌理与质感风格一致
的处理，达到视觉上既简化又统一的效果

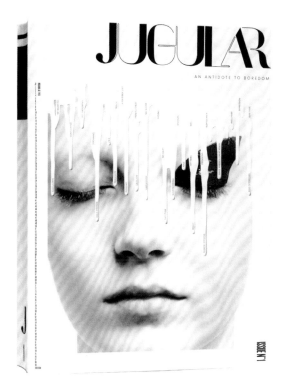

图 46 版面设计中图像与色彩在总体调性上要协调统一

图 47 版面设计中图像与字体风格情绪上的通感处理

04　自由的版式 /
一种视觉语言风格的产生

总体而言，版面设计中上述的几点原则不是孤立存在的，很多的时候是多条原则共同存在，彼此相辅相成，互相村托。在具体的版式编排中，应避免过于机械教条的使用，抓住各种版式设计风格与视觉原则的核心，根据画面中的各种主要元素自由发挥，不断调整变化彼此的大小尺寸、色彩关系、空间位置，就完全可以设计出视觉上和谐统一，又令人满意的设计作品来。

05

传统印刷媒介下的版式设计

第一节 书籍版式设计

在传统平面设计领域中，书籍装帧的版式设计一直是其中的重要内容。由于书籍印刷主要以传播知识、启蒙思想、提高认知为目的，所以书籍作为信息的重要载体，相比较其他类型的传播媒介而言，不仅实用性强，而且静态，保存的时间和内容均更加持久，有些经典书籍的传播时间甚至可达数千年之久。这点无论是传统报纸、海报、杂志等印刷媒介，还是新媒体之下的电脑网页、手机交互界面、户外电子传媒等传播形式均无法比肩。正因如此，书籍装帧的版式设计与印刷制作通常会更加用心与考究，对于版面中细节元素的仔细推敲与布局，对于多种印刷工艺的熟练掌握与运用，使书籍装帧设计成为一种艺术性很强的综合性视觉艺术形式，一些设计印刷极为精美的书籍因而还具备了一定的收藏特征。（图1）

作为一名平面设计师，如果想设计并印刷出优秀的书籍版式，仅仅熟悉使用各种字体与图片的大小排列，或者掌握基本的印刷技术知识是不够的，设计师还要具备丰富的文化素养、敏锐的审美感受能力，以及富有创造性的思维方式，尤其是对与版式设计相关的技术知识也要有一定的了解和掌握。一个真正意义上具有个人风格、新颖的版式设计，总是能摆脱规范化的、习见的常规束缚，将那些平淡无奇的字体、字号、线条、空白、行距、图形等基本构图元素，紧紧围绕着烘托图书内容这个唯一的目的与需要，通过有序的组合与编排，运用形式美的法则，来进行版式设计的操作，形成与众不同的视觉形象与空间关系，让阅读者眼前一亮，从而留下深刻的感官印象。

一、多文本时代的来临——纯文字类书籍装帧中的版式设计

根据书籍信息传达内容的差异，目前市场上的书籍装帧设计主要分为两大类：第一类是以文字类信息为主的书籍版式设计，第二类是以图片类信息为主的书籍版式设计。由于这两类书籍承载内容的不同，其设计风格也存在明显的差异。第一类书籍包括各类经典宗教读物、历史文献典籍、文学名著、小说、散文、教材等，这类书籍中的主要内容大部分由纯文字组成，或者有少量图版穿插其中，可读性很强。书籍版式的设计大都倾向于简洁素朴、理性规范，总体而言为偏冷淡中性的编排风格。常见的排版方式多以版面中的网格为基础进行严格的编排，版面一般以竖向分栏居多，

图1 一些印刷数量少且书籍装帧考究的经典书籍，潜藏着较大的收藏价值

可分为通栏、双栏、三栏、四栏不等，也有以横向分栏来进行版面切割的。这类画面中图形与文字的编排风格，大都呈现出一种既严谨理性又非常和谐统一的秩序美感。（图2—图5）

值得关注的是，在目前的书籍装帧领域中，对一些经典读物的再设计也开始成为新的热点，也为出版业书籍的转型提供了更多的可能。与传统的书籍装帧方式不同，随着时代审美标准与风格的不断变化，各类版式设计精美、印刷工艺优良，更符合今天大众审美趣味的经典读物书籍装帧出版。以日本近代文学史上享有盛誉的夏目漱石（Natsume-Soseki）的作品《我是猫》为例，这部经典长篇讽刺小说于1905年开始在《杜鹃》杂志上连载发表，后被改编为长篇小说出版。作品主要以一只猫的视角观察周围的人与事，通过描述它的所见所闻和内心感悟，将主人公苦沙弥一家人与朋友间平凡普通的琐碎生活淋漓尽致地展现了出来。小说描写真实细腻，语言诙谐生动，虽描写小人物的日常生活，却处处闪耀着智慧的微茫，令人读起来既欢愉又充满感慨惊叹。（图6）

图2

图3

图4

图5

图2 纯文字的版式大多见于经典宗教读物、历史文献典籍、文学名著、小说、散文等书籍中

图3 因书籍中各部分内容功能上的差异，排版也会有不同，如目录与正文的排版就完全不同。在进行纯文字版式设计时，要充分考虑到字体、行距、颜色等细节精微之处的处理

图4 书籍装帧中封二部分的纯文字版式设计，页面中的元素虽单纯，却有一种干净清爽的视觉效果

图5 以文字为主，夹杂有少量图片的版式设计，多在格栅系统下，以多栏的方式进行页面的分割，营造出整齐有序的观感

图6 日本作家夏目漱石与他的经典文学作品《我是猫》

图6

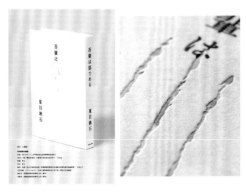

图 7 寄藤文平设计的《我是猫》书籍装帧，封面模拟猫爪的抓痕，使古老经典的书籍充满新鲜感与趣味性

图 8 帆足英里子为《我是猫》设计的书籍装帧，通过对猫尾书签的处理，将猫生动活泼的外形特性巧妙地表现了出来

图 9 长岛为《我是猫》设计的书籍装帧，封面与内页中用杂乱无章的猫爪印痕，营造出猫的顽皮个性，灵性可爱

"我是猫，名字嘛还没有"，这是在日本无人不知的《我是猫》一书的开头。因为这本 100 多年前已经出版的经典读物的独特魅力，日本 Graphic 社邀请了在各个领域颇有成就的设计师们，共同参与了一项《我是猫》的设计项目，请设计师们以《我是猫》这本经典原著为题材，进行书籍装帧与版式编排的再设计。该项目也希望人们能够借此重温古典文学的魅力。受邀的 28 位设计师分别为寄藤文平（Yovifuji Bunpei）、帆足英里子（Hoashi Eriko）、松田行正、针谷建二郎、池田进吾、平林奈绪美、葛西薰（Kasai Kaoru）、新村则人（Sinmura Norito）、大久保明子（Okubo Akiko）、长岛（Rikako）、奥定泰之、Blood Tube Inc.、樱井浩、原条令子、长友启典等。设计师们根据各自对于作品的理解，从不同设计角度入手，呈现出了一系列精彩纷呈又深具个人设计风格特征的作品。这些作品或积极尝试用各种印刷工艺来实现最佳效果；或从书籍的外观形式语言上进行突破；或以出行时书籍携带方便为最终设计目标；或完全尝试从作者的角度出发，弱化设计师的影响力，使整个文本的设计自然流畅又了无痕迹，不抢戏、不刻意，不将读者关注焦点转移到装帧之上，尤其在以文本为主的书籍设计中，这点难能可贵。（图 7—图 15）

无论如何，这次《我是猫》书籍设计项目所做的大胆有趣的实验，为纯文本类书籍装帧设计塑造了更多的可能性，也为我们预示了一种介于跨越过去和未来之间的设计多文本时代的来临。

二、图版类书籍装帧中的版式设计

第二类是以图片类内容为主要视觉元素的书籍版式设计。这类书籍主要以各种类型的图像为表现对象，文字相对来说较少。包括各类手绘绘画作品、摄影图像作品、电脑绘制图形、各类线形图表等，书籍品种也以美术、设计、摄影等艺术类内容居多。对于图版类书籍的版式设计，可根据具体内容与风格对版面进行不同形式感的分割，至于各种版面风格与页面的编排设计方法，我们在前两章的内容中已经有所提及，这里就图书排版中比较常见的几种版式，再做些必要的补充。

图 10 新村则人设计的《我是猫》书籍装帧，利用特殊的印刷工艺，将一对透明的猫爪活灵活现地展示了出来，使人对故事中的猫产生无限遐想

图 11 大久保明子设计的《我是猫》书籍装帧，采用放大的传统风格字体组成的纯文字封面，形成简洁醒目的经典怀旧效果

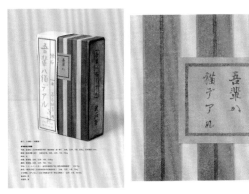

图 12 佐佐木晓（Sasaki Akira）设计的《我是猫》书籍装帧，灵感来源于爱猫如痴的浮世绘画家歌川国芳的作品，通过营造复古的木版印刷效果，表达对经典作品的敬意

图 13 葛西薰设计的《我是猫》书籍装帧，通过对书籍文本内容的理解，运用自由随意的手写文字与图像，尽力不着痕迹地呈现设计概念

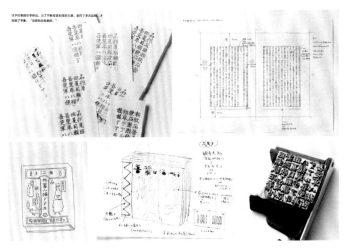

图 14 Design barcode 株式会社的日本设计师堤德设计的《我是猫》书籍封底，淘气顽皮的小猫形象跃然纸上

图 15 参与《我是猫》书籍装帧设计的设计师们的创作手稿与雕版印刷字体实验

图 16 满版型的版式设计

图 17 满版型的书籍版式设计

1．满版型

这种版式将页面中重要的或者最具代表性的图片撑满整张版面，文字编排在页面的次要位置。版面中图片形象占据绝对的主导地位，而文字信息仅作为辅助衬托。这种版式设计给人视觉上的冲击十分强烈，视觉语言的传达也最清晰直观，是目前图书版面编排中常用的形式之一。（图 16—图 17）

2．对称型

对称分为绝对对称与相对对称两种。绝对对称，一般指沿中心线对整张版面进行纵向或横向的分割，将页面中的图片沿分割线两侧并列排列。通常来说，处于左右或上下两部分的图形与文字编排，色相、体量、比例、位置都比较相似，给人沉稳大气的感觉，从而在视觉上产生一种绝对的平衡感。相对对称，则指在绝对对称的基础上，允许页面中的不同图片、文字等要素之间的排列存在一定差异，但从总体上来看，仍旧要达到视觉上的对称与平衡。（图 18）

3．自由型

指在版面中，图形与文字的编排布局自由随意，不受任何规律约束。设计师可根据自己对书籍内容的理解，最大程度地发挥创意与构思，自由安排页面中的各个元素，因此自由型的书籍版面风格，通常能够给人活泼生动的视觉体验。（图 19—图 20）

4．四周型

指将图形与文字编排在整张版面的四角边缘处，或者在角与角相连的页边线上，使阅读者的视线沿页面四边向中间移动。这种版面编排的特点是给人以规范、严谨、理性的视觉感受。（图 21）

5．中心型

指让包含主信息内容的图形占据版面绝对中心的位置，成为视觉关注的焦点，其余文字与图形分散在页面四周衬托。中心型版式设计也可根据设计师的预期构想，在图文编排时对画面布局做适当的调整。例如，为了增加画面的整体动态效果，除了中心图形外，其余文字或图形可沿着该图周围散开，做离

图 18 对称型的书籍版式设计

图 20 在自由型的版面设计中，图形与文字可以根据内容自由随意地编排布局

图 19 自由型的书籍版式设计

图 21 四周型的版式设计

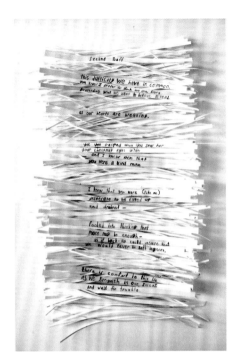

图 22 中心型的版式设计

图 23 将主要图像置于版面的中心位置，其余元素逐渐向四周分散编排

心或向心的旋转螺旋状排列。尤其在今天的动态图形应用日益普遍的情况下，这类排版方式更为常见。（图 22—图 23）

三、书籍装帧与版式设计中需要遵循的原则

1. 统一性原则

总体来说，书籍装帧设计是一个综合性、系统性很强的设计门类，正如吕敬人先生所言：

> 书籍设计并不单是指排版和封面设计，也不是一个纯粹的美化工作，它是一个系统化的工程。……总而言之，书籍设计大体应该包括装帧、编排设计、编辑设计三个部分的工作，而这三者的操作顺序应当是编辑设计、编排设计，最后自然而然地形成装帧和封面设计……其中，编辑设计是整体设计的核心概念。书籍设计鼓励设计师一开始就与作者、编辑一起，主动介入编辑思路，即以文本为基础进行设计思考，构建一个令读者更乐意接纳，并得以诗意阅读的信息载体。

因此，在具体书籍版面设计中，首先需要强调的就是统一性原则。这一方面包括版面编排的整体设计风格要与书籍的文本内容相协调统一，即内容与形式的统一；另一方面，还包含了书籍自身的风格面貌也要自始至终地保持一致。具体在进行书籍版式设计时，从封面开始，至扉页、内文、封底等整本书籍的装帧内容与版式设计都需要进行系统性的规划，预想一下读者翻阅整本书籍时的阅读流程与视觉体验，接着再对书籍中的文字、图版、表格等主要内容进行提炼和布局，使读者既能清晰地了解到书中所要传达的内容，又能在完整的阅读过程中，在艺术审美上获得赏心悦目的观看享受。（图 24—图 25）

2. 经济适用性原则

经济性与适用性是大部分图书设计制作时所遵循的基本原则。尤其对于图片较多的书籍而言，如何在保证印刷工艺精美、版式设计精湛的基础上，既考虑到阅读时新颖别致的视觉效果，又能将图书的总价控制在预定的价格范围之内，进而吸引到更多的读者产生消费购买的欲望。除了设计出具有形式美的版式之外，经济原则也是设计师在进行创作时需着重考量的内容。所谓适用性，是对书籍在阅读使用过程中而言的，指如何提升读者在阅读本书时的观看体验，同时又便于收藏，这些都是在书籍装帧设计中一直被关注的问题。（图 26）

回顾与制书有关的历史，我们不难发现，人类对书籍阅读适用性的探索从未停止过。一方面，这种探索表现在对印刷承载所用纸张质地的不断推陈出新。无论是西方最初用的纸莎草、牛羊皮手抄本，还是我国早期的龟甲兽骨、竹简缣帛、麻竹皮纸植物类手工抄纸，纸张形式一直发展到既经济又便捷的现代化机械纸浆造纸得以普及。另一方面，这种探索表现在对印刷工艺的不断精进改良。从开始时的手刻摹绘，至木雕版印刷的问世，铜版、石版印刷技术的相继产生，之后又有活字印刷术的出现，直到近现代机器印刷技术的普遍使用后印刷工艺才得以逐渐完善。与此同时，伴随着几千年印刷技艺进步的，还有书籍装帧方式的转变。就我国来说，书籍装帧先后经历了经折装、卷轴装、龙鳞装（旋风装）、蝴蝶装、包背装、线装、胶装、精装等多种样式，而纵观其发展历史脉络，书籍的经济性与适用性可以说是促进装帧方式不断发展变革的主要推动力。（图 27）

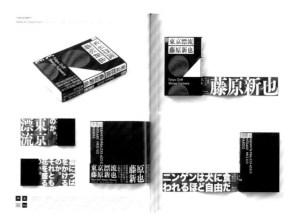

图 24 在书籍装帧设计中，对于版式的编排同样需遵循书籍的整体风格。这个设计中各个页面均运用统一的黑白红三色，以及与之相应的醒目字体

图 25 进行书籍版面设计时，首先需要强调的就是统一，既包括视觉上的，也包括形式与内容上的

图 26 这本书对塞尔维亚艺术家玛丽娜·阿布拉维奇（Marina Abramovi）的个人与作品进行了阐释，通过简洁干净的排版，关注读者在阅读过程中的观看心理，形成更加舒适、方便、流畅的阅读体验

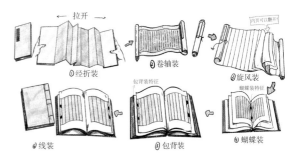

图 27 古代书籍装帧的演变过程

图 28 平面设计师除了掌握形式构图的基础之外，还需要了解各种纸张的特性，不同的纸张拥有不同的特性

图 29 做书籍装帧设计时，在了解纸张特性的基础上，还需进一步了解与之相关的印刷工艺，两者结合会产生惊艳的视觉效果

图 30 日本设计师三宅一生（Issey Miyake）

除了以上的基本原则之外，设计师还需注意对各类纸张品类与性能的熟练掌握与了解。设计排版完成后，待书籍付梓，最终效果的好坏才决定了一本书的设计成功与否。如果做书籍设计不懂得纸张的特性，最终的印刷成品效果将大打折扣。熟练掌握各种纸张特点，包括特种纸张的应用，对于一个好的平面设计师而言是基本技能，也会为设计增加新的亮点，保证呈现最佳效果。特别是在今天的纸张市场中，各种新的纸张品种层出不穷。一些纸张除了具备普通纸品的特点外，甚至还具备了防水、可压缩、可折叠这类性能，为实现纸张从平面到立体的转换提供了更多的实验性与可能，在某种程度上，也打通了平面设计与产品设计、空间设计等领域的藩篱。（图 28—图 33）

图 31 日本设计师三宅一生以同一种折叠形态为视觉传达媒介，将其用在纸质灯具与服装等不同创作领域中，打通了平面设计与产品设计、空间设计等领域的藩篱

总体而言，在书籍装帧的设计过程中，无论一本书最终将呈现出何种风格或形式，都离不开为图书内容服务的基本目的。"人面一尺，各不相同"，在林林总总的书籍市场中，每本书也应有其独特的魅力。千书一面、毫无特点的版式设计，不仅无法使人产生购买的欲望，阅读起来也容易使人感到乏味与疲倦，打不起精神来，最终导致读者失去最基本的阅读兴趣，一本好书就有被闲置的可能。相反，一本书如果能具有独特又恰当的版式设计，就能在很短的时间内捕捉住消费者的眼球，引导读者一步步地逐渐进入阅读的佳境，在不知不觉之中流畅地遍览全书，领悟书中所要传达的内容，这才是一位优秀的平面设计师所要达到的最终目的吧！

图 32 三宅一生的灯具设计作品《阴翳 IN-EI》，通过展现类似折纸的动态活动过程，意在表现出"阴影、隐秘、细微"的概念与光影变化

图 33 三宅一生设计的"132 5."环保面料几何折叠服装系列作品

图 34 海报与其他类型的广告媒体相比，在与周围的环境关系中总是显得格外醒目与突出，优势十分明显

图 35 在进行海报的版面设计时，尤其要突出宣传内容的视觉张力与风格感染力

图 36 版式编排的关键应突出宣传要点，有效信息的传达需精练准确，重要内容的呈现要直接而清晰

第二节 海报设计中的版式

海报设计又称招贴设计，是平面设计中个性最为鲜明有趣的设计种类之一。它因印刷成本低廉，广告宣传效果明显，以及易张贴、更换便利等特点，在广告媒体领域中有着不可替代性，尤其在人流量较大的公共区域更被广泛运用。比如，在街市、商场、车站、展览馆、美术馆、博物馆等场所都比较常见。

与其他类型的广告媒体相比，海报的特征与优势十分明显。一是画幅较大，在杂乱无章的环境中容易吸引观者的目光，成为视觉的焦点。无论是商店内的商业销售海报，还是公交站台旁的公益宣传海报，或是耸立在户外巨型广告牌上的海报，海报在与周围的环境关系中总是显得格外醒目与突出。二是海报设计的应用范围非常广泛，市场上各类海报的设计品种丰富，异彩纷呈，并且根据传达目的的不同，不断衍生出风格各异的新种类。在数字化媒体发达的今天，海报的呈现方式也出现了电子类新的海报形式。总体而言，常见的海报设计有以下几类：商业海报、公益海报、影视海报、展览海报、文化海报等。（图 34）

一、海报版式设计中需要遵循的原则

1. 版式设计能够充分呈现出个性鲜明的风格

在画面布局上，要充分运用海报画幅大的优势，通过文字、图形、色彩等要素的组合排列，形成一种个性鲜明的版面风格与独特形式，彰显出海报宣传内容的视觉张力与感染力。（图 35）

2. 版式编排的关键应突出宣传要点

在图片文字与内容的编排上，要做到有效信息的传达需精练准确，对重要内容的呈现直接而清晰，尤其是主要信息中有关时间、地点、人物等信息的编排，应尽量简明、醒目。（图 36）

3. 版面内容不宜太多，图文的编排需醒目

就人们观看海报的方式来说，由于大多数人都是行走时的匆匆一瞥，除非海报中的内容足够吸引人，否则读者观看时很少保持静止状态，多数情况下都处于运动时远距离下的浏览。所以文字的编排不宜太小，内容亦不宜太多，文案策划与画面的呈现大都倾向于言简意赅，甚至略显夸张的表达方式。（图 37）

图 37 版面中的内容不宜太多，图文的编排需醒目，即使行人路过时的匆匆一瞥，也能看清主要设计意图

二、海报版式设计的风格与不同种类

海报中的版式设计大多会采用各种对比与夸张的手法来增强视觉强度，达到吸引路人注意力的目的。另外，设计者还可以通过一些趣味化的，或夸张变形的、清新自然的、悬疑惊悚的视觉形象，配合相应的文案，进行风格统一、构图个性化的版式编排设计，最终突出海报的主题内容和信息。

1. 海报设计的风格化

海报设计中的风格语言及版式编排方式，与其他平面设计风格类似，海报设计的风格同样可分为复古风格海报设计、几何风格海报设计、极简风格海报设计、插画风格海报设计、现代主义风格海报设计等种类。具体的风格样式与形式语言，在前面的章节中已经有详细的谈及，本章不再赘述。

2. 海报设计种类与功能

在进行具体的海报设计与创作之前，首先要了解不同海报的尺寸标准。如果按照英制计算，海报中最基本的尺寸标准是 30 英寸 ×20 英寸（762×508mm），与国内对开纸的大小相当。在此基础上又发展出其他的标准尺寸，分别为 30 英寸 ×40 英寸（762×1016mm）、40 英寸 ×60 英寸（1016×1524mm）、60 英寸 ×120 英寸（1524×3048mm）等。其次，我们了解海报的尺寸之后，还需弄清楚海报的实际用途。海报的最大特征就是其强大的实用功能性，如果你仔细观察四周已有的海报设计后会发现，无论其周围环境如何，张贴在室内还是室外，以何种风格呈现的海报，均具备一定的实用功能。根据其宣传内容和传达对象的不同，我们可将

JOTTER LONDON

JUST A CLICK AWAY

PARKER
EST. 1888

图 38 派克笔商业宣传海报。设计通过笔放射状的排列方式，力求在最短时间内抓人眼球，吸引路人目光，令人产生消费或购买的欲望

STOPPT MENSCHENHANDEL!

AMNESTY INTERNATIONAL

图 39 德国慕尼黑一家广告公司为国际特赦组织打击人口贩卖活动所设计的公益海报——《在手提箱中的女人》

日常生活中比较常见的海报设计分为以下几种类别，即商业海报、公益海报、电影海报、文化与展览海报、主题海报等。

商业海报

指企业与商家为了推销、宣传某类产品或服务，最终实现销售盈利而设计的海报。商业海报主要功能以传播商品的各种创新性能、产品特点、服务创新等内容为主，在设计时强调能将信息快速、有效地传达给消费者。文案简洁有力，也大都紧跟当下的最新时尚与话语，配合其他各种促销手段，以求在最短时间内抓人眼球，吸引路人目光，令人产生消费或购买的欲望。因此，在进行海报设计时，它多以夸张的表情或图像突出所售的产品为主，利用比较大的文字、鲜亮的色彩、强烈的对比等手法，刺激人们的视觉感受。（图 38）

公益海报

指以非营利性的、公益性的宣传导向为主的海报种类。海报内容大多针对社会问题、自然环境、人与自然之间的关系而展开，多选择以正面的纯粹"真善美"题材，以净化心灵、倡导和平、提倡健康生活方式等内容对大众做精神层面上的积极引导，以遏制犯罪、破坏环境等不良倾向为最终导向。还有其他类型的题材也属于公益海报的范畴，如呼吁人类反对战争、预防疾病、保护生态、禁烟、禁毒、关爱弱势群体等，或是弘扬一种对人类社会或个人生活积极有益的价值观与发展目标，或是提醒人们去爱护大自然与保护生态环境，以倡导一种健康的可持续生活方式等。与商业性海报相比，这类海报内容更具启发性与深刻性，设计师更愿意参与其中，也希望通过这类海报的设计来体现其独特的个人风格与高尚的人文关怀。（图 39—图 40）

电影海报

指配合新电影推广与发行所设计的海报。在所有海报类别中，电影海报绝对是其中最具艺术魅力的海报设计种类了。一张好的电影海报不仅悦目，还可以让人产生进影院观看的冲动。从电影产生到今天不过数百年的历史，但经典的电影海报几乎与电影一起成为一个时代的印记，以致很多电影爱好者直接将其收藏。在电影海报的排版中，虽然只有少量的图片和文字，但每一张的布局都是平面设计师精雕细琢而成的。设计师不仅力求与电影风格、剧情内容、角色人物的性格相近，还试图通过戏剧化的图像语言、充满矛盾冲突性的画面，将影片中的悬念艺术性地呈现在观众眼前。在这点上，海报设计师们可谓用尽心思。（图41—图42）

文化与展览海报

指为了推广与文化有关的活动或展览所设计的海报，具体包括各类美术作品展、博物馆考古文物展、工艺器物展、品牌文化展、毕业作品展、新书发售等。这类海报一般文化气息浓厚，风格古雅清新，版式设计端庄大方或个性鲜明，充分体现出设计师的文化涵养与审美品位，是目前比较常见的海报设计种类。（图43—图46）

主题海报

指为了某个具体的主题宣传而设计的专有海报，如节日庆祝、事件纪念、旅游景点推广、各类主题比赛等。这类海报大都主题鲜明，创作手法丰富多样，往往为了突出主题而出其不意，创意新鲜活泼，能够最大程度地启发观者前去探索或参与的欲望。（图47—图48）

图40 法国反贫困慈善机构2010年推出的宣传公益海报——《援助人民》

图41 韩国电影《小姐》不同版本且风格迥异的电影宣传海报。戏剧化的图像语言、充满矛盾冲突性的画面，是海报版面设计中主要的表现手法

图42 电影《我已妥协》宣传海报，通过画面的分割，带给人扑朔迷离的观感

图43 历史文化类节目《我在故宫修文物》宣传海报。这类海报在设计风格与版式设计中强调突出其深厚的传统文化内涵

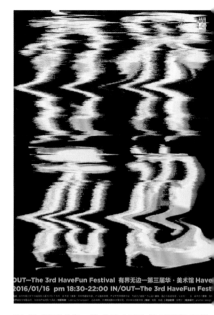

图 44 文化类海报大多文化气息浓厚，风格古雅清新，版式设计端庄大方，充分体现出设计师所具有的文化涵养与审美品位

图 45 深圳"华·美术馆之夜"活动形象海报 2015 年

图 46 巴塞尔城市剧院为形象推广所设计的海报。海报通过手的不同动态，强烈的黑白色彩反差，增加了版面中剧场的光影戏剧效果

图 47 香港文学馆《香港文学季——文学好自然》主题海报

图 48 751 D.LAB 丝巾设计比赛主题海报

三、海报设计中的版式编排

海报设计中的版式设计也同样遵循着平面设计中的编排规则，但是与书籍版式的排版相比，海报由于大都是单张排版，因此编排时无须考虑版面中的系统性要求，反而重视版面中主要元素之间的布局安排，追求视觉观看上的吸引力与冲击力。版面编排亦无须像书籍设计那么精致考究，不太追求对细节元素的精雕细琢，设计面貌转而追求基于某种风格的呈现，以及对某种富有魅力的整体视觉效果的探索。

海报设计中的排版布局类型，同样可以分为满版型布局、四周型布局、对称型布局、倾斜型布局、散点型布局、曲线型布局等。除了以上诸多布局类型之外，具体做设计时，设计师还需根据设计对象、内容、风格、环境等因素的差异来进行多样化的创作，这样才能碰撞出更多更具感染力的作品，从而引发观者的情感共鸣。（图49）

图49 海报设计中的不同版式编排。左上图：倾斜型；右上图：曲线型；左下图：散点型；右下图：对称型

第三节 从二维到三维的延伸：
品牌视觉形象设计的立体化

在品牌管理体系 CIS（Corporate Identity System）中，品牌视觉形象设计系统（Visual Identity，简称 VI）是其中重要的组成部分与核心内容。CIS 包含三大板块，即 MI（企业理念识别）、BI（企业行为识别）、VI（企业视觉识别）。对于一个品牌来说，VI 是其中唯一可视的系统，它既能直观地展现出品牌的理念内涵与外貌风格，也能让客户在最短的时间内，对品牌的特征形成初步的了解与印象。品牌视觉形象中的版式设计，不仅具有传统平面设计的特征，在一定程度上也实现了从二维到三维的转变，尤其在今天的品牌视觉形象传达领域，越来越多的品牌竭尽所能地运用线上线下的多种销售渠道，力求从各方面展示出其独特的品牌特征，期望通过更加多元化、立体的企业品牌形象宣传，在同类品牌中脱颖而出，给消费者留下深刻的品牌印象。（图表 1）

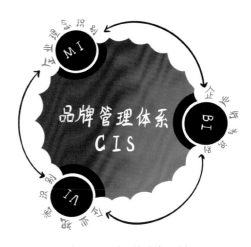

图表 1 品牌管理体系的组成部分

图 50 Libeate 教堂品牌识别系统设计

图 51 Bethany&Lutheran 品牌识别系统再设计

图 52 品牌视觉形象系统设计中的八要素

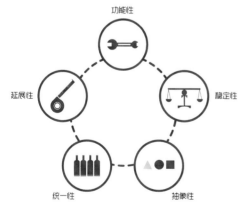

图表 2 品牌视觉形象版式设计的基本特征

一、品牌视觉形象系统的主要内容与设计要素

1. 品牌视觉形象系统的主要内容

一般情况下，我们通常所说的完整视觉形象系统主要包括以下两个方面的内容：基础视觉部分与应用视觉部分。

基础视觉部分：包括品牌的名称、品牌 Logo、标准中英文字体、标准印刷字体、标准色彩、辅助图形、品牌吉祥物、标志与字体标准组合模式、品牌标语等。

应用视觉部分：办公用品（名片、工作证、信纸与信封、笔记本、文件袋、纸杯等）、品牌宣传用品（环保袋、品牌T恤、宣传海报、品牌宣传单页、宣传册等）、环境设计、标牌与旗帜、品牌制服、品牌车辆、品牌网页设计、品牌Logo 与字体动态展示等。（图 50—图 51）

2. 品牌视觉形象系统设计要素

虽然企业的视觉形象系统的组织构成比较庞杂，平面设计师在具体的品牌视觉形象系统设计过程中，需要考虑的要素大都从以下八点展开：

Communication / 沟通

Logo / 标识

Behavior / 行为习惯

Language / 语言

Mission / 任务

Vision / 视觉

Culture / 文化

Design / 设计（图 52）

二、品牌视觉形象系统中版式设计的特征

其他平面设计领域，无论是书籍，还是海报，总在追求不断的推陈出新，设计创意与表现手法越新鲜多样越好。而品牌视觉形象系统创作既要有创新的成分，又要具备自身的领域特点，其版式设计大都遵循以下几个特征：功能性、抽象性、稳定性、统一性、延展性。（图表 2）

1. 功能性

功能性是品牌形象的主要特征之一。设计师在版式设计中应力求简洁有力、具有比较强的可辨识度、视觉流程清晰，能够在短时间内将品牌形象与企业内涵直观地传达给观众。功能性即品牌所具有的最为重要的实用性功能。（图53）

2. 抽象性

抽象性是贯穿品牌视觉形象系统的另一个重要特征。这点尤其在品牌的核心视觉符号 Logo 的设计中体现得较为突出。Logo 的设计大都用最为简洁、抽象、生动的视觉元素，构成品牌最基本的传达语言，进而引发消费者对品牌文化的延伸联想。与具象的图像语言相比，经简化后形成的符号化抽象图形不仅具有高度的品牌识别度，而且制作起来简单便利，在具体施工或复制时误差率也低。同时，其精练的形式语言能够加深消费者对该品牌特点的印象。（图54）

3. 稳定性

某个品牌所具有的特征，无论在视觉与心理上均需要有一定的稳定性，至少在数年内品牌的视觉形象系统保持不变。如果为了追求品牌新鲜感而不断地修改，反而模糊了消费者对该品牌已经形成的稳定价值观感与品牌印象。我们反观一些世界知名的大品牌，如微软、苹果、博朗、可口可乐等，其视觉形象系统有的甚至延续几十年未做更改，原因正是对品牌形象稳定性的坚持。（图55）

4. 统一性

品牌的统一性，指视觉系统中的所有视觉元素与表现语言均处于一种完整的体系之中，系统的基础部分与应用部分之间，基础图形与辅助拓展图形之间，彼此相互关联，不可分割。同时，版式设计中的统一性既包括了图形与字体在设计处理时的高度一致性，也指文案与内涵等调性上的风格化统一。只有结合这两点所建立的品牌形象系统，才能真正做到形式与内容上的高度概念化统一，从心理上吸引消费者，而不是仅仅停留在品牌信息识别的表层。（图56—图58）

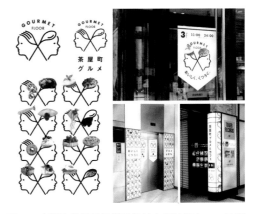

图53 功能性是品牌视觉形象的主要特征之一，其版式设计需要清晰简练，在同类品牌中拥有较强的可辨识度

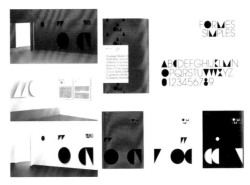

图54 用最简洁、抽象、生动的视觉元素与版面传达语言，引发消费者对该品牌的联想

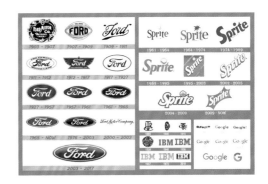

图55 品牌形象设计中的稳定性需求。作为某个品牌所具有的视觉特征，它在视觉与心理上均需要有一定的稳定性，品牌如果为了追求新鲜感不断更改，反而会模糊消费者对该品牌业已形成一贯的稳定价值观感与品牌印象

图 56 无论版式中的形式或内容，均达到风格高度统一的品牌视觉系统设计

图 58 今天的品牌形象设计在主要的基本元素之下，赋予图像与版式更多样化的语言表达方式，这类变化与统一的形象组合成为视觉时尚的发展主流

图 57 阿塞拜疆巴库美术学院（Art School by Alyona Bandurina）的品牌形象再设计

图 59 建立在单纯的品牌形象之下的辅助延展图形，配合针对不同内容与载体的版式设计，往往给人带来出其不意的观看体验，使今天的品牌形象增添了更加时尚的气息

图 60 如何使简单的图形拥有更加缤纷多样的质感与版式，成为今天的品牌形象系统中设计师们努力的延展方向

5. 延展性

由于品牌视觉形象系统最终是以一个完整系列化的形象呈现给观众的，因此，对于品牌的核心元素，如 Logo、标准字体、色彩、主要图形等内容，设计师需要考虑到其是否具备更加多样的可延展性能，使整个系统呈现出更丰富多变的视觉效果，增强品牌的吸引力。（图 59—图 60）

三、品牌视觉形象系统的多维立体化发展趋势

1. 品牌视觉形象中版式由静态向动态的延伸

随着市场的变化以及竞争节奏的不断加快，如何在充斥同类品牌的茫茫商海中脱颖而出，给用户留下深刻清晰的印象，成为今天商家们尤其关注的话题。特别是近些年，随着电子科技与多媒体技术的不断发展，人们的认知与选择范围的外延不断扩大，成熟的传统静态 VI 系统的吸引力在不断减弱，于是在品牌视觉形象领域中，另一种新的"动态视觉识别系统"（Dynamic Visual Identity）应时而生，并迅速为今天的大众所接受，在不断激发人们观看兴趣的同时，也得到了前所未有的普遍发展。（图 61）

动态的品牌视觉设计最早在 20 世纪 80 年代出现，由 Manhattan Design 设计了最早的 MTV（Music Television）Logo。当时这是一种面对年轻人的音乐节目，Logo 以大写的方块体"M"为骨骼中心，再搭配有自由手绘的"TV"在右下角处，由这两者形成基本的视觉形象。视觉语言中最精彩的部分是在不改变标识基本形式框架的基础上，一方面，通过不断变化 Logo 中大写"M"字体的色彩、背景、材质，产生丰富多变的视觉效果；另一方面，让"TV"二字在画面中灵活自由地跳跃与穿插，形成富有节奏感的动态表现形式。这个动态的品牌视觉设计，将视觉形象与音乐完美结合在了一起，一经出现就立刻改变了人们欣赏音乐的方式，并在全世界音乐领域内引发了一场制作观看 MTV 音乐的热潮，一直影响至今。（图 62—图 63）

在今天的日常生活中，动态的品牌视觉形象应用已经十

图 61 Brighton Road Studios 品牌形象设计，设计师通过字母"B"的不断变化，将一种新的"动态视觉识别系统"概念融入作品之中

图 62 20 世纪 80 年代出现的 MTV 动态视觉形象

图 63 日本设计师以浮世绘风格为灵感创作的当代 MTV 的视觉形象

图 64 波兰 "Square Extension" 视听乐队的品牌形象设计，给人集音乐、视频、平面和文字于一体的视听体验

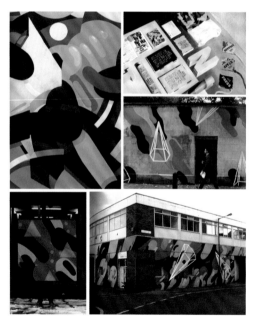

图 65 品牌视觉形象系统除了在二维平面设计领域中得到应用之外，也广泛存在于我们所熟悉的各类建筑物的室内外环境之中

分广泛，我们在手机、电视、电脑、户外的电子广告、电影屏幕等多媒体平台中，都能看到一些动态品牌形象的出现，它们或者是某个品牌的形象推广，或者是每天日常接触的手机中一个小小的品牌界面，似乎无处不在。动态的品牌视觉与静态的相比，其既能因趣味性的增加而快速地吸引观众，引发受众阅读与观看的兴趣，进而以更加专注的状态参与互动，也能在短短的时间内，通过丰富多变的图像，呈现更多想要传达的视觉语言，突破原有的 VI 视觉形象的限制，与其他各类视觉艺术相结合，利用变形、解构、重构、视错觉、拼贴等平面设计中常用的排版方式与技法进行创新。尤其在年轻人普遍乐于接受的新媒体领域中，动态品牌形象的应用更加广泛，如电脑网页设计、手机 APP 界面设计、人机交互设计等等。（图 64）

2. 与整体空间环境相融合的多维度品牌视觉形象展示

仔细观察周边的环境，我们会发现品牌视觉形象系统除了在二维平面设计领域中得到应用之外，也广泛存在于我们所熟悉的各类建筑物的室内外环境之中。例如在建筑物的外部，既有传统的橱窗、站牌、广告牌设计等户外品牌宣传媒体，也有以建筑自身为载体的静态或动态品牌标识与广告；而在建筑的内部，比较常见的则是品牌的视觉导向系统。设计这类环境中的品牌视觉形象版式时，尤其需要关注的是 VI 中文字、图形的大小比例与所处空间环境的关系。（图 65—图 66）

在目前的品牌视觉形象设计领域中，另一个值得关注的发展趋势是对品牌辅助图形的日趋重视，表现出与其他纯艺术种类跨界融合的走向。这也从另一个层面说明，多维度的品牌视觉形象展示正成为今天的主流。所谓多维度的品牌视觉形象，指除了视觉形象中主要的 Logo、标准字体、标准色的基础部分设计之外，也重视对品牌视觉系统中辅助图形、辅助色彩部分的延展与应用。它一方面，通过与其他艺术种类的结合，在艺术概念上与形式上增加其视觉吸引力，增强与观者在情感上的互通与感染力，以求加强消费者对该品牌形象内涵的理解与认同度；另一方面，在形象展示方式上更

图 66 品牌形象与建筑物相融合，具有立体空间感的品牌视觉形象
设计

图 67 所谓多维度的品牌视觉形象，指除了视觉形象中主要
的基础部分设计之外，尤其重视对品牌视觉系统中辅助图形、
辅助色彩部分的拓展以及与不同环境的融合应用

图 68 今天的数字化多媒体艺术利用灯光、影像、动画，将品牌形象
与周围的室内外建筑环境相结合，将传统的静态与动态结合，营造
视觉上更具整体化的品牌视觉形象系统

加丰富多变。在今天的数字化多媒体艺术时代，
设计师利用灯光、影像、动画，与周围的室内
外建筑环境相结合，在具体版面编排中将传统
的静态与动态品牌形象结合，尽力营造出一个
视觉上更具整体化、层次性、丰富性的品牌视
觉形象系统。（图67—图68）

我们如果仔细分析熟知的一些世界知名品牌，如星巴克、MUJI、苹果、华为、微软等，就不难发现，一套完整的品牌视觉系统的创立，需要做的工作很多，除了上述我们比较熟悉的 VI 视觉体系之外，还涉及更多其他方面的内容，如品牌的视觉风格确立、对品牌主要销售对象的分析、与同类竞争产品相比较的差异性、为产品销售所制定的营销方式与渠道等。设计师应该在设计过程中保持与品牌企业的沟通交流，对品牌形象的设计应最大程度上发掘品牌的个性特征，尽量做到"私人订制"，即根据品牌方的行业特征、消费群体、流行趋势、销售方式等进行创作。（图 69）

与此同时，设计师还需结合市场调研数据结果进行综合性的分析，确定具体的品牌特征与视觉传达风格后才开始设计，而不是简单程式化地套用某种模板进行创作，这样做的结果不仅很难达到双方的理想需求，也很难取得成功。尤其是同类竞争日益激烈的今天，客户群体的多样化分流，对于品牌视觉系统的设计要求也在不断升级，如何让消费者对品牌既有一定忠诚度又能保持永恒的新鲜感，也是今天的品牌设计领域中每一位设计师所面临的挑战。

图 69 最大程度发掘品牌的个性特征，用"私人订制"的方式避免同质化，根据品牌的行业特征、消费群体、流行趋势等进行创作，是品牌形象设计未来的发展趋势

06

新视觉语言的出现 /099——135

第一节 网页设计中的版式

在我们今天的日常生活中，现实世界和虚拟世界之间的边界日益模糊。这种变化一方面表现在社会生活中，传统社交方式之下人与人之间的会面与往来在逐渐减少，而通过网络与社交媒体等虚拟世界中的来往日渐增多；另一方面，随着新冠疫情在世界范围内的不断扩散，这种现实世界与虚拟世界之间的壁垒被打破，所带来的影响进一步改变人们的日常消费行为，也带来了工作方式的转变，网络会议的联络方式已经十分普及。人类社会总体呈现出一种现实空间与虚拟空间混杂的态势，想回归到疫情之前的生存环境与生活状态似乎已经不太可能，整个世界正在以一种崭新的方式重新开启，而居住于其中的我们，除了与这个时代一起勇敢地破冰前行，已经别无选择。（图1）

一、网页版式设计的基本元素与风格

互联网经过近几十年的蓬勃发展，已经成为人们日常生活中不可或缺的部分，各类社交媒体成为人与人之间交流的主要媒介。与此同时，这种新变化对平面设计领域所产生的影响多年前已经显现。不仅各类网站对网页的设计需求激增，而且消费者对网页页面的设计要求也越来越高。针对各类受众群体的不同，结合线上各行业应用功能以及用户体验需求的差异，各类社交媒体的网页设计细分越来越精准，风格迥异。

1. 网页版式设计中的主要元素

综合来看，在扁平化网页设计中，每个独立版面的特征，相比较其他平面设计种类的版面而言，既有相同点，又存在着较为明显的差异。相同点在于，两者都是基于"图片、文字、色彩、排版布局"等主要元素进行相应变化，也同样遵循着平面设计中版式编排的规律，排版时着重考虑对页面中的图文等主要视觉传达信息进行位置、大小、强弱的谋划布局。而两者之间的差异在于，网页版面设计因为需要应用在计算机、手机等电子媒体上，因此网页的尺寸会因显示平台的不同有所差异。除了上述特征之外，网页浏览的版面又有其独特的视觉、听觉传达方式，尤其是大部分页面被打开之后均以动态网页的效果呈现，同时还会配有与风格匹配的音乐，因此所承载的内容与形式，比传统静态页面更加丰富多变，在具体排版设计时需要考虑的因素也更复杂。

每个独立网页的基本构成元素包括以下几个内容：网站商标、导航栏、条目、文字内容、图像图形、多媒体元素、页脚等等。（图2）

网站商标：指网站本身的商标Logo，也包括为推广企业品牌而建设的品牌形象Logo。网站商标大多位于网页顶端的页眉部分，位置居中或偏左侧居多。

图 1 社交媒体的发达，人与人之间的联系越来越依赖于网络等虚拟空间

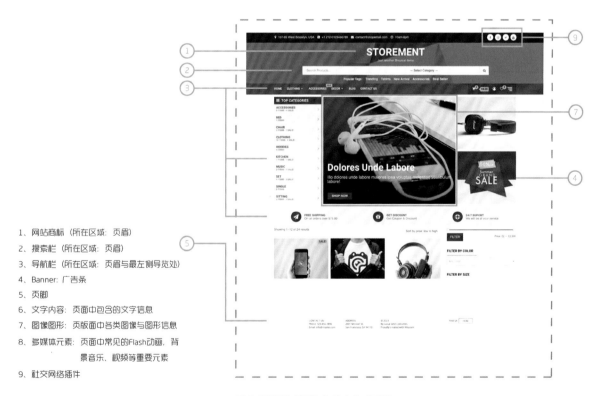

1、网站商标（所在区域：页眉）
2、搜索栏（所在区域：页眉）
3、导航栏（所在区域：页眉与最左侧导览处）
4、Banner：广告条
5、页脚
6、文字内容：页面中包含的文字信息
7、图像图形：页版面中各类图像与图形信息
8、多媒体元素：页面中常见的Flash动画，背
　　　　　　　景音乐、视频等重要元素
9、社交网络插件

图 2 网页版式设计的基本构成元素

导航栏：指位于网页顶端页眉处或页面最左侧的导览部分，是网站中最为重要的内容之一。导航栏一般由主导航栏与副导航栏两部分组成，主要以栏目的形式存在，是网页中用来展示网站信息详细内容的栏目目录。设计者在编排时一般按照不同信息类别进行分类，将其并列放置于页面的顶端或左侧。其作用是方便用户快速进入有关网页，或者能够直接返回主页面。

条目：英文译为 Banner，中文译为横幅、旗帜。在具体网页设计领域，其主要指页面中的各类产品广告横幅条目，也包含网页浏览过程中出现的动态横幅广告。Banner 广告条幅在网页页面设计中应用广泛，设计类型也十分丰富，设计师具体设计时可遵循"产品醒目、语言明确、形式简洁、悦目吸引"等原则，做出既有视觉吸引力，又符合用户阅读习惯的设计。

文字内容：指页面中包含的文字信息，主要包括标题与内文两部分。大部分网页中的内容是以文字的编排为主的，具体排版时设计者可根据文字的重要性与文字数量的多少，来选择合适的字体，以及安排其所处位置与疏密编排。

图像图形：指网页版面中出现的各类图像与图形信息，既包括照片、绘画类图像，也包含按钮、标识、符号等图形内容。网页中常用的图像与图形格式为 JPEG、GIF、PNG 等。

多媒体元素：指网页页面中常见的 Flash 动画、背景音乐、视频等主要元素，它们极大地丰富了网页的内涵、视觉与听觉的展示效果，也成为网页浏览过程中最具吸引力的内容之一。

图 3 不同类型的网站设计。左图：品牌推广类网站设计；右上图：搜索引擎类网站设计；右中图：新闻门户类网站设计；右下图：时尚流行类网站设计

页脚：与书籍设计页面的形式相似，网页的底端也都有页脚，只是构成的内容要更加复杂一些。在网页版面设计中，页脚的基本构成要素包括网站标志、地址与联系方式、网页地图、导航栏、版权信息等详细内容。

其他：除上述内容外，每个独立网页还包括网页页面中的表格、图表、调查问卷等元素。

2. 网页版式设计的分类

浏览不同类型的网页，其风格各异的各种网站版式常常令人目不暇接，它们在尽可能完整地展示出网站基本内容的同时，又呈现出或简约干净、或现代时尚、或整齐有序等不一样的面貌特征。概括而言，目前网络页面根据传达内容的不同，所构建的网站种类主要分为以下几种：品牌推广类网站、搜索引擎类网站、新闻门户类网站、电子商务类网站、艺术展览类网站、时尚流行类网站、美食生活类网站、社交媒体类网站等。由于展示内容的差异，其版式的具体设计要求与呈现方式也存在较大差别。（图3—图5）

就平面设计领域而言，单从网站页面的整体框架结构上来分，其排版方式可以被简单分为三类：页面分栏式、区域块面式以及自由式。（图6—图13）

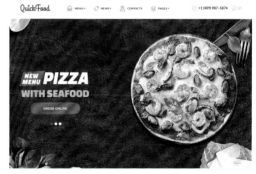

图4 社交媒体类网站设计　　　　　　　　　　　图5 美食生活类网站设计

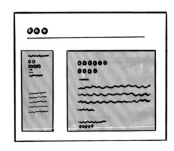

图 6-1 页面分栏式网页排版

图 7-1 双专栏型网页设计

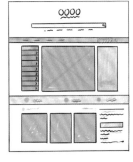

图 6-2 区域块面式网页排版

图 7-2 双专栏型网页版面设计

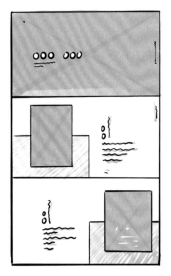

图 6-3 自由式网页排版

图 7-3 三专栏型网页版面设计

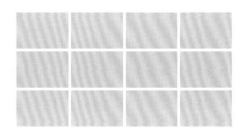

图 8-1 网格型网页设计

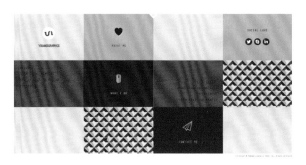

图 8-2 网格型网页版面设计

图 9-1 "同" 字型网页设计

图 9-2 "同" 字型网页版面设计

图 10-1 对称型网页设计

图 10-2 对称型网页版面设计

图 11-1 倾斜型网页设计

图 11-2 倾斜型网页版面设计

图 12-1 全屏型网页设计

图 12-2 全屏型网页版面设计

3. 网页版式设计的不同风格

与其他类型的平面设计相同，网页设计也需要通过不同风格的版面设计，来形成独树一帜的品牌风格。与版式设计风格有关的具体内容，我们在本书第三章中已经有详细的讲解，网页设计中的风格与其营造方法并没有太大差异，只是呈现的对象从纸本转为电子屏幕，色彩也由 CMYK 转为 RGB 格式，网页中也大都会添加音乐、视频、动态图像等更加富有魅力与感染力的素材。概括来说，网页设计中较为常见的风格类型可归纳为以下几种：高雅极简风格、质朴天然风格、现代主义风格、复古怀旧风格、纯净透明风格、柔美女性风格、稳健专业风格、健康动感风格、神秘暗黑风格等等。（图 14—图 22）

图 13 自由型网页版面设计

图 14 高雅极简的网页版式设计风格

图 15 质朴天然的网页版式设计风格

图 16 现代主义的网页版式设计风格

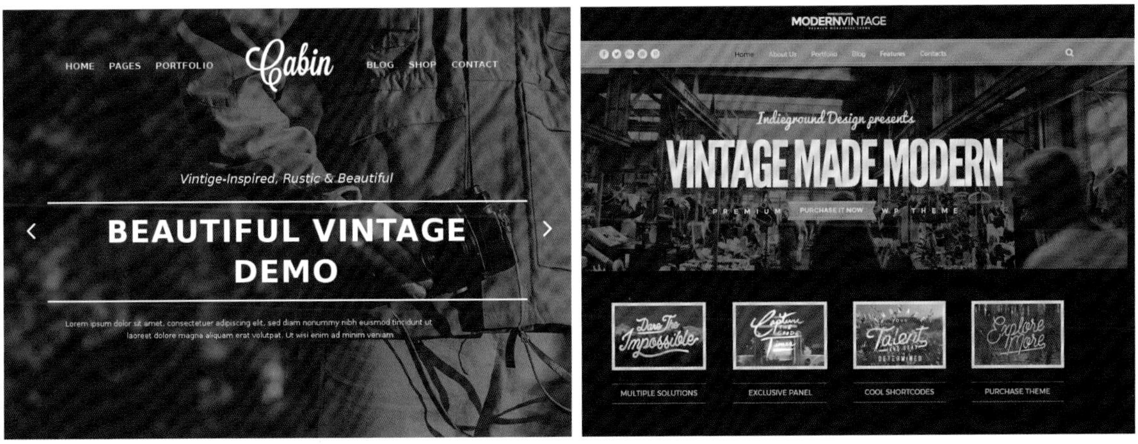

图 17 复古怀旧的网页版式设计风格

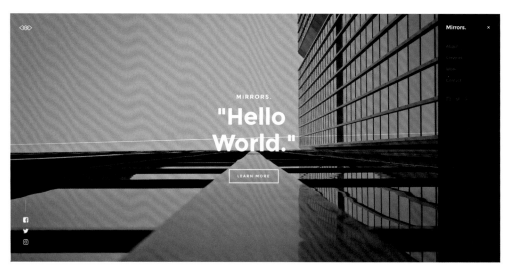

图 18 纯净透明的网页版式设计风格

图 19 柔美女性的网页版式设计风格

图 20 健康动感的网页版式设计风格

图 21 稳健专业的网页版式设计风格

图 22 神秘暗黑的网页版式设计风格

二、网页设计流程与排版技巧

时至今日，网络世界在以前所未有的速度蓬勃发展，浏览各类风格各异的网站与网页成为人们日常的活动，网页风格样式在不断多元化发展的同时，对网页的设计需求也在发生着变化。如何在数以万计的众多同类型网站中脱颖而出，如何吸引住浏览者匆匆掠过的挑剔目光，对于今天的网页设计师来说，无形中也有莫大的压力。简而言之，设计时应尽量避开毫无个性的千人一面的网页样式，通过饶有趣味的图像与文字、简洁直观的版式编排、清晰流畅的操作流程导向与浏览者产生互动，提供良好的浏览与操作体验印象。而要做到这些，首先需要了解网页设计的基本流程以及一些与版面编排相关的排版技巧。

1. 网页设计的基本流程

一般来说，网页的整体设计流程大致可分为以下几个步骤进行。

第一步，首先了解网站类别与客户需求，拟定项目策划书，对设计项目主题进行初步定位。（拟定项目策划书）

第二步，手绘网页线框图草稿，规划网页基本框架结构，确定网页风格与编排版式。（设计基本框架结构与版式）

第三步，由手绘进入电脑创作阶段，从 UI（User Interface，用户界面）首屏开始设计独立页面。在首屏的设计中，大都需要有公司的（或品牌）名称与标志、公司标语（Slogan）、企业标准色与辅助色彩等基本内容。首屏完成后再进一步将 UI 中的主要元素拓展到网页的每一屏中。（正式电脑创作阶段）

第四步，添加 Banner 广告条、动画、音乐等多媒体附件。通过多元元素的添加与拓展，一方面将复杂的页面统一在一个完整的视觉语系与操作系统中，另一方面，也使不同页面之间的切换更加自然顺畅，了无痕迹。（添加广告条与多媒体附件）

第五步，以上几步完成后，一个网站的整体设计也基本完成，接着将进入项目网站试运行检测阶段。设计师针对网页中存在的问题，例如不合理的版式编排或者错误的链接方式，进行最终的优化调整。（网站测试与优化）（图 23）

图 23-1 网页设计的基本流程图

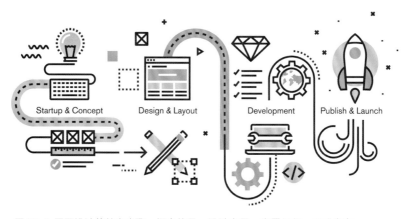

图 23-2 网页设计的基本步骤：概念构思—设计布局—发展细化—正式发布

2. 网页设计的原则与排版技巧

网页设计中的版面编排虽然复杂多变、风格各异，却也遵循着一定的原则与排版技巧，概括起来可归纳为以下几种：

（1）直观性原则。就页面的形式而言，设计师力求通过简洁清晰的页面编排布局，给观看者营造出快速直观的页面浏览效果。

（2）醒目性原则。就页面的内容而言，设计师通过对网页中各种复杂信息的整理，提炼出最具吸引力或者趣味性的标题内容，用精练有趣的文字在页面醒目的位置摆放呈现出来。（图24）

（3）一致性原则。就网页的系统性而言，设计师需保持网站内每个独立页面设计的一致性。设计师要将网页设计中的主要元素渗透到每个页面中，使受众在浏览过程中，能够持续获得视听觉体验上的关联性感受。（图25）

（4）简要性原则。遵循"少即是多"（less is more）的设计理念，版面设计时页面内容中的图形图像信息尽量简洁清爽，便于观者阅读浏览，尤其在色彩与字体的运用上应"避繁趋简"，引导读者将视线聚焦于设计师预设的视觉流程之中。（图26）

（5）整齐性原则。指在网页版式设计时，页面空间中各主要元素的位置安排，应尽量遵循首尾对齐的平面设计基本原则，将各种文字或图形元素规整在以块面为主的框架体系之中，根据版面设计中的网格化排版方法，运用平面设计中的网格排版技巧，将页面中的文字、图形、色彩、线条等主要元素做对齐分类处理，尤其是在以大量文字信息为主的版面编排中，更应使版面具有一定的秩序感，营造出整齐有序的版面面貌。（图27）

图24 简洁清晰的网页编排与布局，使网页排版版式更具有醒目、更具视觉吸引力

图25 网页设计的一致性原则，即网页中的各主要元素在不同页面中的视觉渗透，从而形成系列化的统一风格

图27 左右或上下对齐是使版面显得整齐好看的主要方法之一，尤其在版面内容较多的情况下更是如此

图26 "避繁趋简"观念下的版面简单化，是目前网页版面设计的总体趋势

在开始设计网页版面时，设计者也可以根据具体内容的不同与创作对象的风格差异，巧妙地利用一些方法与技巧，达到最佳的视觉效果。

技巧一：空间留白要活用。

在具体版面的编排中，注意留白的重要性，页面设计中尽量多采用"空间留白"的设计方法，为页面中丰富的文字与图形信息保留更多的呼吸空间，增加视觉上的舒适感。（图28）

技巧二：突出关键忌繁杂。

针对网页中所包含的复杂多样的内容，在版面编排时要做到主次分明，安排好先后的观看顺序，对于关键性的文字信息和图像内容要突出处理，通过对比手法显示其重要性。

技巧三：简洁克制勿凌乱。

由于大部分网页都包含有大量的文字信息和图片内容，因此在版式编排设计时，对于页面中的字体、色彩、图片等元素要尽量克制处理。如页面中的字体种类、色彩应用均应限制在三种左右，且图片数量也不宜放置过多，多了就显得凌乱无序，应力求将网页营造出简洁舒适的视觉观看效果。（图29）

图 28 在网页版面设计中要尽量多做留白处理，增加视觉上的透气感与空间感

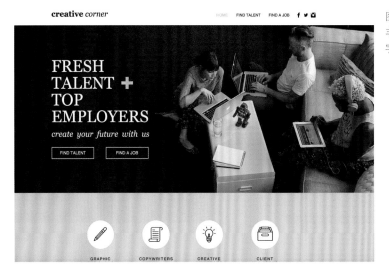

图 29 网页页面的内容一般比较丰富，在版式设计时要尽量限制字体种类与色彩

技巧四：视觉流程要规划。

从观者打开网页首页开始，整个网站浏览的体验过程就正式开启。设计师在进行版面设计时既要考虑到版面的审美感受，也要充分关注读者浏览过程中的视线变化，进一步规划好页面空间中不同位置的内容安排，最终将信息直观流畅地传达出来。

三、网页版面设计未来的流行发展趋势

伴随着近几十年网络的高速发展，以各种社交媒体为主的线上交流早已成为人与人之间必不可少的沟通方式。与此同时，针对不同类别与人群的各类网站日益增多，各种社交门户网站、企业品牌形象推广与销售网站、网上购物商业网站等呈爆发式增长，因而网页设计领域也迎来了需求高峰。结合网页版面设计当前的现状，未来的发展趋势亦有迹可循。

1. 用户浏览网页时的互动体验与信息回馈将得到加强

版面设计将更加重视浏览网页时的观看体验与用户的互动回馈，尤其打开链接时的首页设计将进一步得到加强，对声音、图像、材质的动态化处理也将在首页中得到更普遍的应用，网站的独特性与创意性表达得到更多重视。（图 30）

2. 网页设计风格化与行业化区分将更趋明显

同类型网站设计的同质化现象将逐渐减少，差异化的设计呈现趋势将更加明显。随着网络受众群体的引流，网页设计会根据不同的设计对象与功能性的差异进行创新，对受众的目标群定位会更加清晰。即使在独立的网站设计团队中，不同创作领域之间的合作分工也将更加细化、专业化。（图 31）

图 30 打开网站链接后的首页是需要重点设计的页面

图 31 不同类型的网页设计风格化与行业化区分将更趋明显

3. 品牌形象与产品销售网页设计的日趋分离

目前多数的品牌销售网站大都存在两种功能。一方面，它充当着品牌形象推广的宣传功能，因而会追求更具独特个性、新颖、令人印象深刻的企业品牌形象。无论是网站中的色彩、内容还是形象，均能带给人独特鲜明的品牌体验，是品牌总体调性的延伸。另一方面，网站又承担着企业产品的销售功能，因此品牌网页中包含着林林总总的商品，力求在每个页面中尽可能多地展示出产品的细节特征与卖点。

这两方面因诉求不同，往往各有牺牲，多数时候很难得到平衡，而在未来的品牌网站中，网页版面的设计会逐渐明晰两者的区别。以品牌形象为主的页面设计更追求简练的、风格鲜明的构图风格，着重增加浏览者的艺术审美体验，诱导消费者产生购买的意愿。而以销售为主的页面则会对销售的商业产品有更直观清晰的细节呈现。需要注意的是，第二种商品销售网页的链接方式，往往通过第一种品牌形象网页上的链接，引导消费者进入预期的页面之中去。（图32—图 33）

4. 节约浏览时间的简洁与便捷类页面设计将成为主流

面对愈来愈复杂多样的网络世界，人们对知识和物品的获得变得更加容易，与此同时，人们也花费了大量时间去阅读、浏览、选择，时间逐渐成为最重要的奢侈品。在今天的网页版面编排中，当各种莫名其妙冗余的链接、突然闪入的 Banner 广告，频繁干扰读者正在浏览的页面时，简洁清晰、直观易懂的操作页面设计将得到更多人的偏爱。设计师通过对屏幕页面的分割，将整体网页进行块面化与模块化的网页版面处理方式，还原读者最为纯粹的观看与操作体验，将成为网页版面设计的趋势之一。（图 34）

图 32 以品牌形象为主要呈现内容的网页版式设计

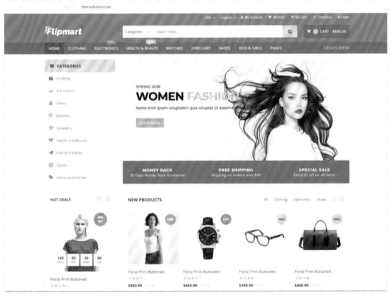

图 33 以产品线上销售为主的网页版式设计

图 34 节约浏览时间的简洁与便捷类页面设计将成为主流，简单干净的页面被越来越多的读者接受

总之，面对迅速变化的网络设计市场，设计师除了需要掌握上述基本的技能与设计方法之外，在日常生活中还要不断提高自己的艺术素养和个人品位，对其他艺术领域中的最新艺术事物，拥有敏感的认知与体验，擅于从绘画、摄影、时尚、建筑、戏剧、音乐等其他领域中汲取更多的设计灵感，及时把握时代发展中的时尚潮流与大的趋势走向，努力使自己的设计作品更贴合国内外的主流方向。

第二节 从"无形"到"有形"：
信息可视化图表中的版式设计

无论我们承认与否，一个集各方面"媒体融合"的新型融媒时代早已来临。媒体融合（Media Convergence）的概念最早由美国马萨诸塞州理工大学教授普尔提出，原意是指各种媒介呈现多功能一体化的趋势。在此时代背景之下，伴随着新技术的产生，媒体早已突破传统的形态，新型媒介得以突飞猛进地发展，并深远地影响着人们的日常生活与工作方式。今天，各种类型的信息不断刺激着人们的视觉神经，网络上各种新鲜的新闻资讯、时事热点、图文信息、短视频等层出不穷，以一种新的姿态刷新着人类固有的观念与认知。以往那种传统的包含有大量纯文字与静态图片的信息，已经很难满足今天人们的阅读习惯，面对网络上每日更新的大量文字与数据，人们逐渐失去阅读的耐心。（图 35）

时至今日，在传播过程中，即使是十分重要的文字、数据类信息，如果想获得大众的理解与认同，也只有用一种崭新的更具亲和力的视觉传达语言呈现出来才可能实现。因此，在平面设计领域中，将看似繁杂冗余的信息转换为一种视觉上更直观的、可视化的形象传达给受众，日益成为设计诸多领域中需要共同面对的现实问题。从这点上来说，对于信息可视化视觉语言的研究与学习亦具有极大的实际应用价值。

图 35 融媒体时代可视化设计的多元发展

图 36 Xerox Parc 研究中心及其早期的信息可视化探索 Xerox Star（1981 年）

一、视觉传达中信息可视化概述

信息可视化设计（Information Visualization Design），属于视觉传达领域的范畴，是新时期下产生发展的一种设计思维组织表达方式。其最初产生的动因是人们希望以计算机运用作为主要技术手段，将抽象复杂的数据类信息进行归纳梳理，重新编译成交互式的、简洁易懂的视觉传达形式加以呈现，帮助人们更轻松地认知各类繁杂信息。

最早提出信息可视化概念的是 Xerox Parc 研究中心，该中心 1989 年首次采用一种独特的方法来可视化信息，并且提出"利用人类的感知和认知能力来帮助人们理解大量不同的信息*"。这种方法产生了 3D房间、双曲线浏览器，以及其他呈现信息数据库 3D 视图的"聚焦 + 文本"可视化技术。（图 36）

历经 30 多年的发展与变化，当今信息可视化的主要特征已经把计算机技术、多媒体技术、图像技术、视觉传达等学科结合起来，在前期搜集汇总数据与项目调研资料的基础上，人们通过对数据的梳理，结合研究项目的内容、调研结果等各项信息，充分利用图形、图像、数据、图表、文字、地图等平面元素，构建成一种更加全面直观、集趣味性与叙事性于一体的可视图形化符号形式，最终传达给大众。信息可视化技术作为一种将形式美感与信息内容高度融合的视觉呈现方式，越来越普遍地被应用于地图、说明书、博物馆、数字化图书馆、品牌网络信息发布等多个领域。（图 37）

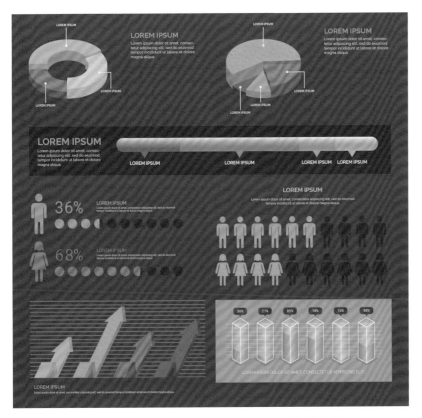

图 37 各种信息的可视化在不同领域中已经得到了普遍应用

* (1989: Information visualization/ Taking a unique approach to the visualization of information. Xerox PARC invents techniques that use human perceptual and cognitive capacities to help people make sense of large amounts of diverse information. The approach results in 3D rooms, the hyperbolic browser, and other 'Focus+Context' visualization techniques that present 3D views of information databases.)

二、可视化信息图表设计的分类

我们通常所说的信息可视化研究涉及的范围较广，既包括对数据库、信息系统所做的结构性设计，也包括对信息图形、文字及其版式所做的可视化形式方面的探索。在艺术设计领域中，常用的信息可视化表现形式包括各类地图、表格、图表、图解等，其中又以各类信息图表的可视化视觉设计最为常见，因此这也是我们本章所要着重讨论的内容。概括来说，信息可视化图表设计因呈现方式与应用媒介的不同，可分为静态平面信息图表设计与动态多媒体信息图表设计两大类别。这里需要强调的是，由于纸媒呈现方式的限制，本章主要对静态信息可视化的部分内容进行分析，而动态信息可视化由于更多地和数字技术、交互技术等多媒体媒介相关，本书只做简要的概述说明。

1. 静态平面信息图表设计

平面信息图表是由单一线性的设计思维组织而成的，以二维静态形式存在，通过一定的逻辑关系将不同的信息分支罗列后，再按照层级关系或先后顺序，层层分布进行版面编排。图表信息整体看起来条理清晰，逻辑分明，使各类复杂的信息线索阅读起来更加简明、连贯、流畅。总体而言，静态平面信息类图表大致可分为以下两类：

一类为比较常见的单一型信息图表，指除了基础的图形与文字之外，页面还包括柱状图、饼状图、曲线图、条状图、点状图等信息图表。设计时，不同类别的图表绘制应根据信息内容上的差异，结合自身的功能与特征进行应用。如需显示整体份额中各方所占有的不同数值，以饼状图切割后形成不同的比例，呈现得最为直观；如果为了显示一段时间内的数值高低的变化，利用坐标轴将各个关键性的节点连接起来，从而显示出研究内容的发展趋势与变化，曲线图无疑是最佳选择；假如除了数据的记录外，还需要强调不同数值之间的比较状况，柱状图的类比显示会更加清晰；如需要平行比较的基础数据较多，用条形图会更符合设计需求；而当研究中的某一点所涵盖或关联的内容过多，需要对各个要点进行发散式思维的呈现时，则更适合用由中心向四周散开的放射型点状图表。（图 38）

另一类为综合型信息图表。除了以上几种常见的信息图表之外，伴随着信息交互与界面设计的日益升温，在今天平面类信息图表的设计领域中，综合型图表的应用受到越来越多平面设计师的重视与喜爱。这类综合型图表的内容涵盖范围广，在版面设计上更加丰富多变且具有一定的趣味性元素，每一页图表页面中的信息罗列虽然庞杂，但排版上图文之间的结构安排大多紧凑合理，内容也足够丰富而且有较强的叙事性特征，大量重复性平面元素的叠加排列使其在视觉呈现上也更加整齐有序。（图 39）

2. 动态多媒体信息图表设计

随着可视化发展的不断普及，媒体与读者之间的互动也更加频繁，每个独立个体的真

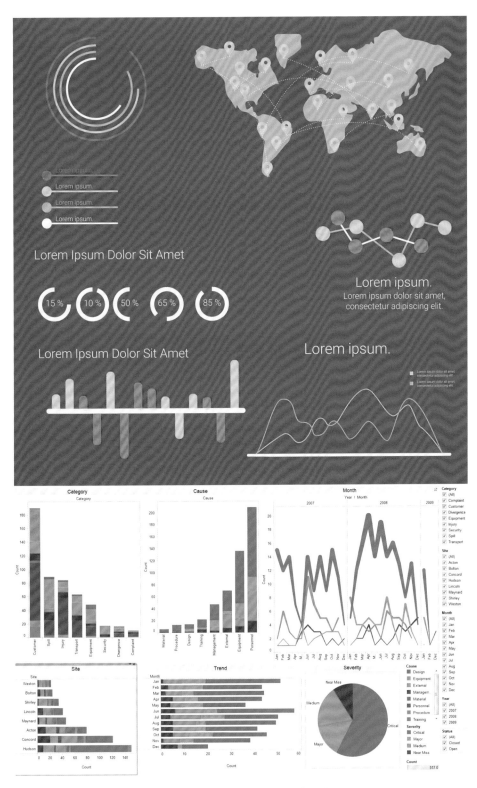

图 38 不同类型的单一型信息图表设计

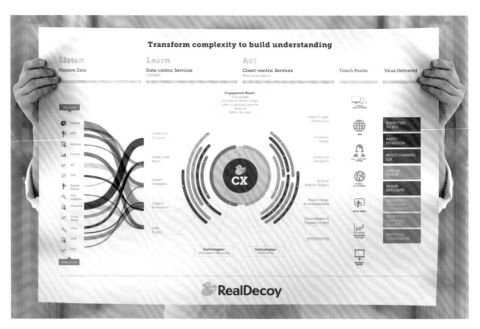

图 39　各类综合型信息图表设计，不仅在视觉上更加直观，在版面设计上也更加丰富多变，且具有一定的趣味性特征

实感官体验作为一种重要的信息反馈手段，成为整个社会日益受到关注的问题。其结果导致一些新的技术逐渐渗透到视觉领域之中，各种带有数字性、移动性、互动性的新媒介元素，成为可视化信息发展过程中重要的推动力量，多媒体信息图表设计由此产生。

　　多媒体信息图表除了普通平面图表中基本的文字、图形、影像等元素之外，还融合了其他的多媒体媒介的图表呈现方式，通过添加音乐、交互、动画等介质，令视觉与听觉等不同感官方式互相渗透，混合成一体化的感知体验，帮助人们能够更好地解读信息，进行快速有效的传递与接收，达到双方沟通的目的。尤其是随着 5G 时代的到来，大数据的应用与"云"计算的普及，响应式网页设计逐渐成为主流，读者在各类电子设备的显示屏幕之间转换自如，手机、电视、台式电脑、平板电脑、多媒体触摸屏等都成为生活中必不可少的日用产品,这些都促进了各类多媒体类信息的可视化得到了前所未有的应用与发展。(图 40—图 41)

　　多媒体信息图表另一个主要特征是其非线性的视觉呈现方式。在信息结构上，这类图表大多以一种非线性的设计思维方式组成，各个信息之间以节点的形式存在，通过一定的逻辑关系相互连接，呈现出叙事性、多维度、立体化、艺术性的复杂特征。因为所有的信息以一个个独立的链接点相连，每个链接点进入后都是一个崭新的页面，或者页面上还连接着更多的信息点，而且彼此之间相互关联，从而形成一个立体、多层级、多维度的信息可视化系统。这类图表的结构使它既可以承载各类复杂的、大量的信息内容，也能让观者

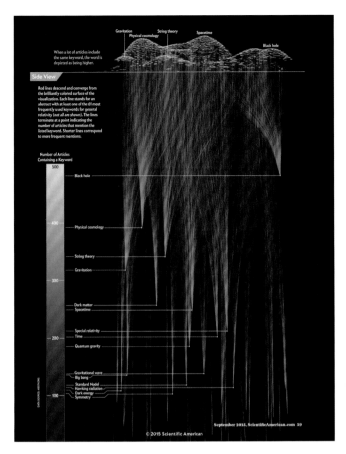

图 40 多媒体信息图表指版面中除了普通平面图表中基本的文字、图形等元素之外，还融合了其他的多媒体媒介的呈现方式，如添加音乐、交互、影像等

图 41 今天的阅读行为在各类电子设备的显示屏幕之间转换自如，如手机、电视、台式电脑、平板电脑、多媒体触摸屏等，响应式设计逐渐成为今天的主流

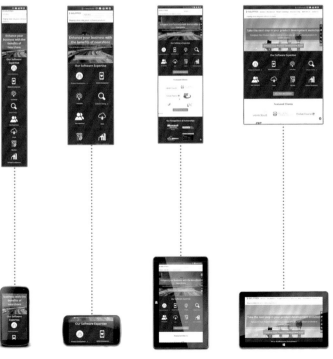
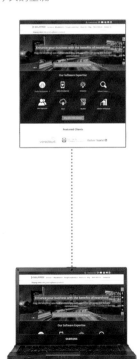

在浏览时可以选择自己感兴趣的部分信息，同时以更加方便自如的方式进入各个链接点观看。（图 42—图 43）

　　总体而言，今天的信息可视化内容，除了平面静态与多媒体动态的区别之外，不同媒介之间的边界亦日益模糊，信息的传达除了重视传统的视觉因素之外，越来越多地向听觉、触觉等多维的交互体验发展，设计师在进行具体的设计创作时，需根据实际项目的风格特征、受众群体、信息包容量的多少，再选择合适的呈现方式将信息转变成不同种类可视化的视觉语言加以应用。

图 42 多媒体信息图表设计一个主要特征是其非线性的视觉呈现方式，各个信息之间以节点的形式存在，通过一定的逻辑关系相互连接，呈现出叙事性、多维度的复杂特征

图 43 动态多媒体信息图表的各个信息点之间，以一种立体、多层级、多维度的信息可视化系统存在

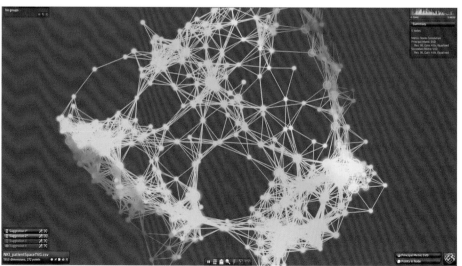

3. 静态可视化信息图表类别

多数情况下，信息可视化的版面设计风格大都依据信息本身的内容而产生，针对不同的信息内容与应用范围，设计师们的创作可谓个性鲜明且又多姿多彩。如果根据不同信息可视化项目的应用范围与呈现方式进行分类，以下几种较为常见：数据统计类图表（Statistical Findings）、信息流程类图表（Flow Chat）、地理地图类图表（Geographical Map）、指示与说明类图表（Instruction And Explanation）。

（1）数据统计类图表

指以各类统计数据的可视化为主要创作表现对象的信息图表设计。这是使用最为普遍的一种信息化图表类型，其表现形式也最为多样，既有常见的饼状图、柱状图、点阵图、曲线图等，也包含活泼生动的平面简化图形，更有创意十足的自由形态图表。（图44—图45）

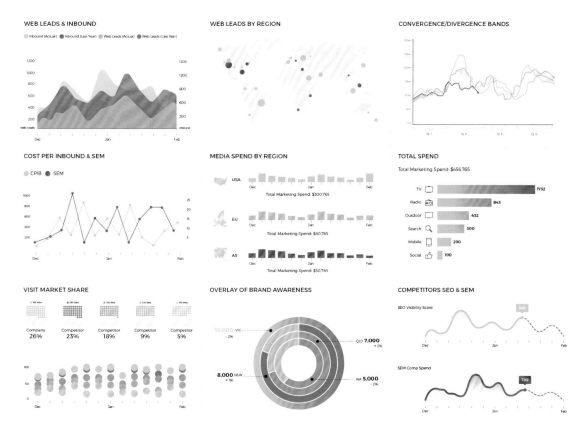

图 44 不同类型的数据统计类图表设计

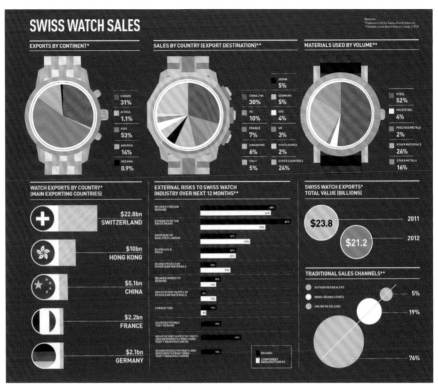

图 45 针对瑞士手表销售相关的各项数据，用直观的可视化形象图表进行详细的分析

图 46 信息流程类图表设计之———草莓酱的生产流程图，以纵向排列的方式，分不同步骤讲述了草莓从入厂到成品的主要加工步骤与流程

（2）信息流程类图表

当我们需要详细解读与分析某一类产品具体的制作过程、不同阶段所涉及的工艺技术手段、物品或人员在不同时间地区所经历的先后顺序，抑或同一物品在不同阶段的形态变化，以及不同的运输方式轨迹等一系列与过程、步骤相关的信息细节，就可以用流程类可视化信息将其完整地呈现出来。（图46—图47）

（3）地理地图类图表

在特定的应用范围和场景下，可视化信息图表在设计时会针对某一类别的呈现对象，逐渐形成比较统一且规范化的版面呈现方式，包括图表版式中所涵盖的对象、框架、结构等内容。例如在可视化信息图表中，有一类专门反映某个国家或地域特色的自然风光、地域风情、人文景观类的图表，其主要功能是结合当地的地图对旅游者做具体的指引，近些年来在文化创新与旅游经济领域中应用尤为普遍。在大多数情况下，这类图表设计时主要考虑以下几个方面：地域地图概貌、地理位置、特色景点、观光旅游路线、自然人文景观、

图47 图表采用自上而下纵向排列的版式，用清晰明了的流程图表，对传统"蛋包饭"美食的制作方法及原材料进行分解展示

民俗风物、地方特产、风味小吃等。图表版式设计特点是版面元素构成复杂，设计时多数要和当地的地图结合，以点状的信息散落在地图各处。具体的设计元素主要包括相关人物、地图、路线、特产、景点、标志建筑物等内容。设计时尤为需要把握好整个设计的核心，重点应突出表现最具地域性的、最为鲜明的、最有代表性的人文与自然风物，并将其以视觉化的方式——呈现出来，以此吸引阅读者。（图48—图50）

（4）指示与说明类图表

这类信息图表的内涵与范围都非常丰富，也是可视化信息应用领域最宽、数量最多的一种，甚至可以用包罗万象来形容。除了以上三类信息内容之外，其余的均可纳入此类中。我们常见的可视化信息中与视觉上的导向秩序、信息指引、产品功能与解析、器物类型比较与说明、人物关系分析、项目历史沿革等内容有关的图表均属此类。（图51—图52）

图48 苏比克湾地图——根据当地的自然风光、地域风情、人文景观所做的地理地图类信息图表设计

图 49 用全国各省最具标志性或代表性的视觉形象，创作出的中国地图

图 50 除了在地图上以点状排列的版面形式来
展示各地的主要地理信息之外，抛开既有的版
图，用手绘的技法自由地描绘各地的风土人情
和人文景观，也是信息可视化地图中常用的版
面设计方法

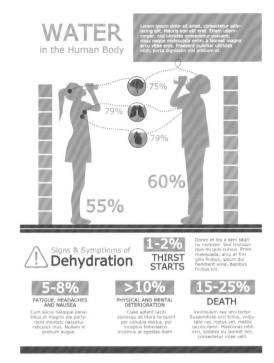

图 51 以男女不同的形象为基本元素，用完全对称的版面形式，将人体每天所需摄入的饮水量，以及脱水对人体的影响做直观的可视化设计

图 52 该信息图表通过左右对称的版面编排，对两类以不同方式酿造的啤酒品牌和产地进行比较分析，图表整体视觉清晰明了，简单易懂

三、可视化信息图表版面设计的特征与方法

1. 可视化信息图表版面设计的主要特征

（1）可视化信息图表版面设计尤其强调整体风格与色彩的高度和谐统一

当我们开始着手对项目中的各类信息进行可视化设计时，紧接着就面临下一个棘手的问题，怎么把这么多的信息内容全部归整到一个页面或图表中，并且还能看起来井井有条又整齐有序呢？由于可视化信息内容大都比较丰富，在版面设计过程中，当大量不同内容的信息需要呈现时，除了准确、恰当地应用信息图表样式之外，版面整体的视觉风格如何定位亦是首先要考虑的问题。（图 53）

因此，在进行可视化信息图表版面设计中，无论是版面中占据主要位置的大面积图形，还是分布在各个位置的小细节元素，针对页面中所有内容的设计排版所遵循的首要原则就是弱化视觉上的复杂性，通过简化图形文字，减少色彩的数量，或使用同色系、限制版面中字体的使用数量、同一图像或图形的重复应用等多种处理方式，最终达到整体风格上的高度和谐与统一。（图 54）

（2）可视化信息图表版面中主次分明的排版方式与叙事性视觉流程的呈现

通过对可视化信息图表版面特征的研究，我们不难发现，除了对页面中各主要信息元素进行合理的空间布局之外，排版时更要考虑如何安排好版面中的主次内容之分，营造出页面整体的秩序感与层次感，避免因为视觉上的冗余平淡而影响了本该有的可观、易读性。

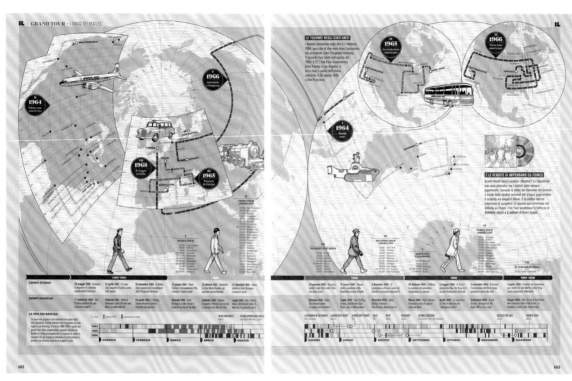

图 53 将自己过去在 1964—1968 年的旅游地点和行走路线，用信息图表的形式忠实完整地记录下来。泛黄的记忆、人物着装、交通工具等元素共同营造出充满复古怀旧的版面风格

图 54 可视化信息图表版面设计经常会通过简化图形文字、同一图像或图形的重复应用等方式，弱化视觉上的复杂性，实现易读与统一的观看效果

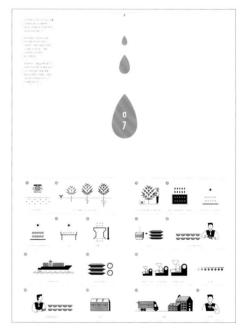

图 55 版面设计展示了咖啡被盛入咖啡杯中供人品尝的完整过程。在分析各类视觉信息元素的基础上，编排并讲述好流畅的叙事性视觉流程，是可视化信息图表设计中要花时间不断斟酌改进的内容

除此之外，在可视化信息的创作过程中，无论是页面结构中各要素的编排布局，还是整体浏览流程所预设的观看方式，叙事化语言的应用可谓贯穿始终。因此，在对可视化信息图表版面中的内容进行布局与排版时，如何在各类视觉信息元素的基础上，编排并讲述好故事的情节，进一步架构清晰、恰当、流畅的叙事性视觉流程，也是设计师需要着重考虑的问题。（图55）

大多数情况下，人的视觉流程具有一定的方向性以及强弱之分，忽略这点将影响观者的观看效率与速度，因此也无法理解设计师预期想要传达的信息内容，这样的可视化设计无疑是十分失败的。大多数情况下，人们浏览时的观看路径受到以下几类信息因素的影响较为明显。

① 差异性信息

在整个版面中，通常最具差异性的那个视觉形象很容易跳脱出来，成为最先被观看到的图像，因此设计者可充分利用这点，将重要信息图形用不同的色彩或形象凸显出来，使其成为版面的关注焦点。

② 刺激性信息

当我们观看某个视觉信息版式时，最能刺激到视觉神经的那个色彩或图形往往会首先受到关注。设计师可根据信息的先后重要程度，预先进行排序后再安排观看的视觉流程。（图56）

③ 观看习惯的影响

在浏览页面的过程中，视线在日积月累的行为中会养成某种观看习惯，无论我们的视线是停留在面前的电子屏幕上还是一幅作品上，眼睛在视域范围内会习惯性地先从左向右，接着再从上向下移动，从而形成一定的观看流程。

④ 兴趣点的关注

每个人都有自己所关注的领域与兴趣范围，设计师可通过对产品或项目的特定使用人群进行调研之后，找出他们的兴趣点，再做出具有针对性的可视化信息图表设计，在吸引观者产生兴趣的同时，也引导他们按照既定的视觉流程进行观看。（图57）

图56 对人类不同品类的生活用品与电子产品使用寿命的可视化信息图表设计。版面以橘色与蓝色代表两类产品，其中有差异性、最能刺激视觉神经的色彩或图形会成为视觉的焦点，成为信息图表中首先受到关注的对象

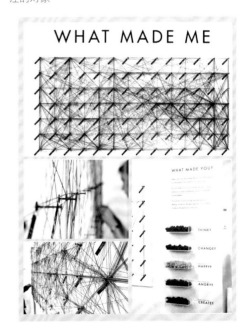

图57 "我为何造？"可视化信息图表设计。设计师从"思考、改变、快乐、能力、创作"几方面进行分析，通过与不同色彩的线条相连接，引发观者对自我的内省与剖析。在可视化信息图表版面设计中，每个人都会对自己感兴趣的点有更多的关注，并参与其中

⑤ 相似性特征

当信息图表中需要视觉化呈现的内容比较丰富时，内容相近的信息大多会被采用相似性原则的手法加以处理，通过多个重复又略有变化的图像吸引观者的关注，从而更容易被理解与接受，在视觉上也产生一系列连续、自然、连贯的观看体验。此外，这样的处理技巧也起到将大量的信息"化繁为简"的最佳版面呈现效果。（图 58）

（3）可视化信息图表版面设计中对创新能力与新颖性的强烈关注

设计师在大量阅读各类相关数据的基础上，进行精确的解读与分析，最终运用一种新颖的、准确的、恰当的可视化平面视觉形象将其展示出来。在这个由数据向图形转化的过程中，某些时候设计师甚至可以牺牲掉一些信息的可读性，放弃用那些比较常见的、中规中矩的图表式表达方法，尝试用一种前所未见的、更具有创新性与新鲜感的图形去呈现。因为人们对于没有见过的新奇图像，总是充满好奇心与探知欲望，尤其是越来越习惯于深居在网络时代下的人更是如此。在可视化过程中，设计师还会

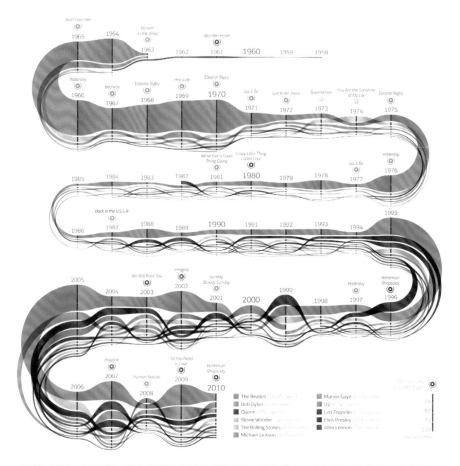

图 58 1958—2010 年，著名乐队歌曲被翻唱数量的可视化信息图表设计。在信息图表的排版过程中，利用内容相近的信息做重复处理也能对视觉观看流程产生一定影响。此图表用不同色彩盘旋迂回曲线，引导读者的视觉观看流程

借用一定的修辞手法刺激观者的发散性思维联想，增加信息内容的可欣赏性，将核心信息的内容以更具创新性的形象呈现出来。（图59—图60）

2. 可视化信息图表版面设计的主要方法

（1）可视化信息的趣味性表达

如果说所有可视化信息的创作都是为了更好地和读者交流，希望以更简单易懂的呈现方式增加读者对繁杂信息的理解，那么，具有个性化、情感化、趣味化特征的视觉图文信息，无疑更容易为大多数人所接受与采纳。尽量用简单生动、趣味幽默等情感特性的呈现，来化解掉理性分析后罗列的数据类信息的繁复感与枯燥感，这样做更容易贴近人心。设计师应该在可视化信息图表的设计过程中，在数据分析真实准确的基础之上，尽量将各种复杂的信息元素转化成更加有趣、更具亲和力的可视化视觉形象方案，从而让读者在情感上更容易理解与接受，也能增强其对图表中关键信息内容的记忆。（图61）

（2）可视化信息图表设计中的"化繁为简"原则

在可视化信息图表设计中，为了增加版面整体的易读性与观赏性，设计师通常会对需要呈现的主要图文信息进行"化繁为简"的简化处理。这里的简化包括两方面的内容。第一，

图59

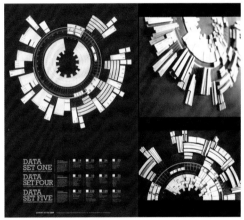

图60

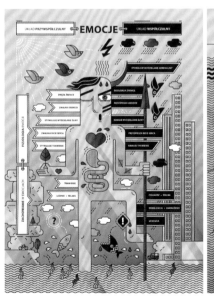

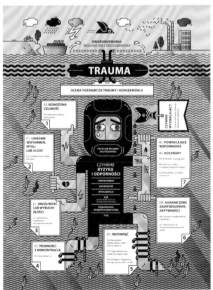

图59 在可视化信息图表设计中，设计师尤其强调版式设计形式的创新与新颖性表达，通过单一视觉形象的重复运用，使整个版面既统一又具有一定的韵律感

图60 《东方游记》。灵感来源于设计师在新加坡的一场37分钟的独自旅行，他在有限的时间内观察尽可能多的人与环境的各类信息，最终采用手工的方式呈现灵感，使该信息可视化的版面充满新鲜感

图61 《情感与创伤》可视化信息图表设计。作者将复杂单调的各类信息，以生动有趣的趣味性版式编排出来，是可视化信息的独特价值与魅力所在

图61

图 62　为了增加版面整体的视觉效果，设计时应尽量将可视化信息中的各类图文与数字元素做必要的简化处理

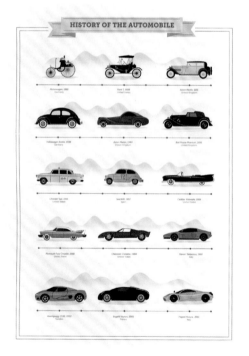

图 63　《汽车的历史》可视化信息图表设计。在可视化信息图表设计中，当版面中同类型的信息内容较多，设计师可用点状的平铺式排列方法加以呈现或比较

是对可视化信息内容上的精简。也就是说，设计者通过对掌握的大量信息与数据进行梳理分析，筛选并摘取出其中比较关键性的内容，言简意赅地将其呈现出来，由此增加可视信息的易读性。第二，对可视化信息中的各种图文与数字等元素做图形上的简化处理。通过结合重要的数据信息，设计师将版面中需要呈现的主要内容用一种简单的图形化语言表达出来，进一步增加可视化信息的可观赏性。这类图形在做具体设计时，设计者要尽量减少图像中人物或物体的细节部分，以卡通化、简约化、趣味化的手法去处理，最终通过视觉上简单生动的图形构建与编排，来完成版面中错综复杂的信息内容。（图 62）

（3）可视化信息图表设计中的平铺式重复

针对可视化内容中数量较多的同类图形信息比较，设计师在信息图表设计中比较通常的做法是：将大量的图形以点状的平铺式排列方法——罗列出来，以一种一目了然的视觉语言呈现方式，直观地对不同时期或种类的信息图形进行辨别，并且进一步就样式与外观上的主要特征，通过细节上的比较来达到展示说明与了解的目的。（图 63）

（4）充分启发可视化信息图表设计中的关联性联想思维

除了以上几种方式之外，设计师可结合信息内容中最具特色且通俗易懂的鲜明特征，借用信息与图形两者之间明喻或隐喻性的联想关系，通过充分启发拓展创新思维方式，进行版面整体风格与细节的创作。关联性的可视化信息大多以简洁、符号化、系列化的图像作为基本元素展开设计，版面中各图形之间无论形式、色彩、绘画技法，均呈现出高度一致的风格化特征。（图 64—图 65）

综上所述，一个优秀的可视化信息图表设计应具备以下几点特征：

叙事性：故事或流程清晰，即具有流畅易读的叙事性；

数据性：信息传达准确无误，即具有正确的可供参考的数据性；

功能性：传达目标受众明确，即具备一定的功能性；

隐喻性：视觉形式感简单易辨，即具有较为含蓄的隐喻性。（图 66）

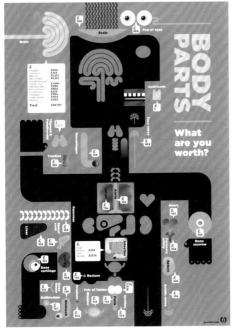

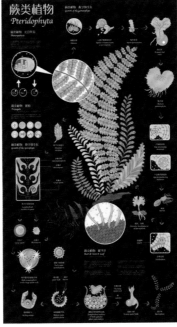

图 64

图 65

图64《身体的各部分价值》可视化信息图表设计。设计师通过借用信息与图形两者之间隐喻性的联想关系，以创新性的思维进行信息图表的版式设计

图65 蕨类植物的生长过程可视化信息图表设计。设计师通过充分拓展关联性的设计手法，结合植物的自然形态进行可视化信息的创作，以简洁、符号化、系列化的图像作为基本元素展开设计。版面中各图形之间无论形式、色彩、绘画技法，均呈现出高度一致的风格化特征

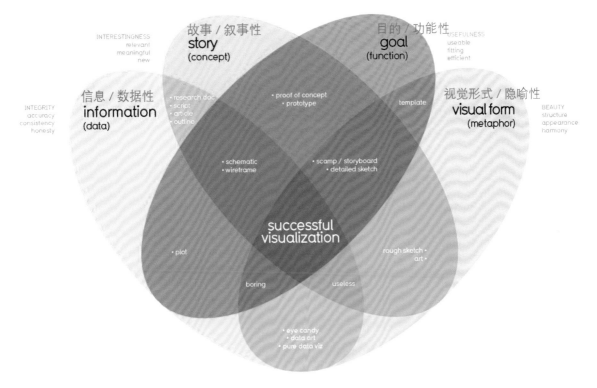

图 66 一个优秀的可视化信息图表设计的主要特征：叙事性、数据性、功能性、隐喻性

四、可视化信息图表版面设计的制作流程

总体说来，可视化信息图表的整个设计过程，相比其他类型的平面设计作品用时更长，这主要是由它的自身特点决定的。无论是前期对大量的数据类信息的梳理分析，确定作品的表现形式与风格，还是将各种信息以视觉上通俗易懂的可视化形象呈现出来，再进一步地对页面中图形文字细节部分进行优化与校对，多媒体类的可视化信息还需要另外添加视频、音乐、交互、动画等项目内容，这些都导致可视化信息的制作需要耗费更多的时间，对于一些复杂的可视化信息内容的呈现，很多时候有赖于一个完整的团队协作来完成。

无论信息可视化项目中的内容是简单还是复杂，大部分情况下其制作流程是基本相似的，主要可以分解为以下几个步骤：

第一步：对信息图表中需要呈现的内容进行寻找、整理、分析，为了避免信息的凌乱无序，可以先制定一些表格对已有信息进行梳理。与此同时，对一些重要的数据与文件信息要认真核实，确定准确无误后才能在信息图表中展示出来。（搜集并核实信息图表中的主要信息内容）

第二步：与设计项目相关的内容要做基本的学习与了解，在此基础上再筛选出主要呈现的内容，并根据用户群体的特征与兴趣，构思与确立信息图表将要表达的风格。（筛选精简信息图表的主要内容并确立设计风格）

第三步：对信息图表中的主要视觉元素与基础图形正式开始设计创作。在设计开始前，小组人员有必要首先进行一些思维导图或头脑风暴类的设计思维拓展练习，充分启发与设计项目相关的发散性、创新性的联想思维，开会沟通讨论后再进入平面设计环节。（设计基础图形与视觉元素）

第四步：紧接着着手将可视化信息内容做趣味化、简约化、通俗易读的版面设计处理。斟酌页面中版式设计的整体空间布局、编排与设计版面，做好信息相关视觉导向与秩序的指引，可以先确定版面中的主要模块具体位置，再对其中的细节部分做出延展。（信息图表的整体框架与版面设计）

第五步：当可视化信息图表版面的大框架与内容都基本完成时，再进一步添加或删减信息内容、简化画面效果、挪移空间位置、调整色彩搭配关系、调节大小比例与尺寸、突出高吸引度的视觉亮点等等，尽量完善版面中的各种细节，力求使整个版面呈现出最优化的效果。（调整并优化信息图表的内容与版面）（图 67）

1.搜集并核实信息图表中
的主要信息内容

2.筛选精简信息图表的主要内
容并确立设计风格

5.调整并优化信息
图表的内容与版面

3.设计基础图形
与视觉元素

4.信息图表的整体
框架与版面设计

图 67 可视化信息图表设计制作流程的步骤解读

图书在版编目（CIP）数据

版式设计新视界 ／ 葛芳编著 . -- 上海 ：上海人民
美术出版社，2021.5

（新版高等院校设计与艺术理论系列）

ISBN 978-7-5586-1998-4

Ⅰ．①版… Ⅱ．①葛… Ⅲ．①版式－设计－高等学校
－教材 Ⅳ．①TS881

中国版本图书馆CIP数据核字(2021)第070664号

新版高等院校设计与艺术理论系列

版式设计新视界

编　　著：葛　芳
责任编辑：邵水一
整体设计：葛　芳
装帧设计：朱庆荧
技术编辑：史　湧
出版发行：上海人民美术出版社
　　　　　（上海市长乐路672弄33号　邮编：200040）
印　　刷：上海颛辉印刷厂有限公司
开　　本：787x1092　1/16　8.5印张
版　　次：2021年6月第1版
印　　本：2021年6月第1次
书　　号：ISBN 978-7-5586-1998-4
定　　价：78.00元